"双一流"高校建设"十四五"规划系列教材

C# 实验教材

袁学民　王苹　编著

天津大学出版社
TIANJIN UNIVERSITY PRESS

图书在版编目（CIP）数据

C#实验教材 / 袁学民, 王苹编著. -- 天津：天津
大学出版社, 2022.7（2023.7重印）
"双一流"高校建设"十四五"规划系列教材
ISBN 978-7-5618-7249-9

Ⅰ.①C… Ⅱ.①袁… ②王… Ⅲ.①C语言－程序设
计－高等学校－教材 Ⅳ.①TP312.8

中国版本图书馆CIP数据核字(2022)第129201号

出版发行	天津大学出版社	
地　　址	天津市卫津路92号天津大学内：邮编（300072）	
电　　话	发行部：022-27403647	
网　　址	www.tjupress.com.cn	
印　　刷	北京盛通印刷股份有限公司	
经　　销	全国各地新华书店	
开　　本	185 mm×260 mm	
印　　张	14.75	
字　　数	371千	
版　　次	2022年7月第1版	
印　　次	2023年7月第2次	
定　　价	39.00元	

前　言

是什么在推动这个世界前进？答案有很多种，从不同的角度会得到不同的结论。从历史的角度来看，通信与交通的发展是最关键的因素。

20 世纪 90 年代，我在国内与一位在纽约留学的同学语音通信，用的软件是 MSN Messenger，那堪比电话的通信效果让我们都很震惊。而到了今天，与太空中的人进行视频通话好像也成了一种日常操作。

IT 行业是目前成长最快的行业，这是一个不争的事实。但要想进入这一行业，依靠中学期间的学习方法似乎不太可能实现。我经常告诉那些刚步入大学校门，开始接触代码的同学们，学好计算机技术最好的方法就是不断实验，不断练习。初学者会遇到无数的难点，变量大小写、命名规则、中文标点问题……这些都是通过阅读解决不了的，只能在实践中学习。

选择 C# 作为管理类学生的第一门计算机语言，是我们十几位老师共同讨论决定的。比较传统的老师偏爱 C++，而青年一代则更推崇 Python。最终选择 C#，得益于这门语言的完备性以及良好的扩展性。

阅读本书之前，请初学者们一定要注意，如果你想要成为一个真正的 IT 专业人员，一定要遵守代码规则。很多同学认为运行结果正确就行了，十个人中有七八个人会忽视代码规则的重要性。本书有以下三个代码编写要求。

（1）命名规则：代码中变量等的命名一定要采用标准规则，比如 Pascal 法、Camel 法或匈牙利法。

（2）注释规则：代码中的注释一定要书写充分。

（3）排版规则：代码的排版一定要整齐有序。

我在教学中经常告诫同学们，不符合上述三个规则的程序，即使结果完全正确，也是 0 分。因为，这样的代码只能是业余爱好者的作品。

目　　录

第一部分:基础实验

第二部分:应用实验

第一部分：基础实验

第 1 章　Hello World

1.1　实验目标

（1）使用 C# 语言编写"Hello World"控制台程序。

（2）简单接触 Web Form 网页编程与 Win Form 窗体编程。

（3）了解控制台程序项目文件夹下各个文件的用途。

（4）接触基本的编程规范，了解编程规范的重要性。

（5）简单了解源代码与可执行程序之间的关系。

（6）简单了解.NET Framework 框架。

1.2　指导要点

（1）教师应简单介绍代码转变为可执行文件的过程。条件允许时，可简单演示程序的发布与安装（或部署）。

（2）强调编程规范在代码维护与团队开发中的重要性。

（3）本次实验在各个方面都不应做过度的拓展。可简单讲解控制台与 Console 类，为下个实验的深入学习做铺垫。

1.3　相关知识要点

1.3.1　.NET Framework

Microsoft .NET Framework（微软.NET 框架）是由微软公司提供的应用程序开发平台，目前主要运行在 Windows 操作系统上（也正在不断兼容其他操作系统）。

.NET 框架包含了大量代码内容，我们可以使用其支持的编程语言（如 C# 语言）来调用它们，实现相关的功能和效果。

其中，.NET 框架为我们提供了很多基础的数据类型。在之后的实验中，我们将主要与这些数据类型"打交道"。

.NET 框架包含的内容很多，就现阶段而言，同学们了解上述的知识要点即可。随着学习的深入，同学们对它将有更深刻的认识。

1.3.2　控制台

控制台是一个支持文本输入输出的操作系统窗口。通过控制台,我们可以同相关应用程序或操作系统进行交互。

在 Windows 操作系统中,命令提示窗口就是操作系统的控制台。我们可以使用 MS-DOS 命令集与 Windows 操作系统进行交互。

在.NET 框架中,Console 类对在控制台中的输入输出操作提供支持。

1.3.3　编程规范

虽然本次实验的代码量较少,但从本节开始,建立编程规范的意识是非常必要的。

编程规范作为程序员应当掌握的基本规范,在代码维护与团队开发等工作中有着十分重要的作用。

编程规范的主要作用是保证代码的可读性。在实际开发中,我们一般会提出"可读性第一,效率第二"的工作要求。

在本次实验中,应首先学习以下两个编程规范:

(1)代码与其注释在内容上应保持绝对一致;

(2)每个源程序文件都应包含文件头说明。

源程序文件的文件头说明格式与内容应参考具体团队的编程规范。在实验教学中,由于没有统一的团队编程规范作为参考,我们对此不做强制要求,了解即可。

通过本次实验,同学们应当对上述内容有一个初步的认识。

1.3.4　项目文件夹

我们选取了控制台项目的项目文件夹进行说明。为了方便理解,建议同学们在第一个实验结束后再来阅读本段内容。

在"解决方案资源管理器"(图 1-1)中,我们看到该解决方案下仅包含"HelloWorld"一个项目。该项目下有"Properties""引用""App.config"和"Program.cs"四项。

"Properties"文件夹是用于定义项目属性的文件夹,其中一般只有一个 AssemblyInfo.cs 类文件,用于保存程序集的信息,如名称、版本等,保存的信息与项目属性面板中的数据对应,不需要手动

图 1-1　解决方案资源管理器

编写。

　　"引用"文件夹用于保存该项目对外部代码的引用。保存的信息往往通过"添加引用"或"删除引用"等可视化操作完成,不需要手动编写。

　　"App.config"文件用于储存应用程序的一些基础配置,按 xml 格式储存。现阶段,我们基本不需要手动编写"App.config"文件的内容。

　　"Program.cs"源代码文件用于储存我们编写的源代码,是我们实验的核心部分。该目录下可包含多个.cs 文件,相关内容将在之后的实验中介绍。

1.4　实验步骤

1.4.1　"Hello World"控制台程序的实现

　　(1)打开 Virtual Studio,依次单击"文件"→"新建"→"新建项目"(也可以单击起始页的"开始"菜单栏下的"新建项目"选项)。

　　(2)在"模板"中依次选择"Visual C#"→"控制台应用程序"(图 1-2),并在下方"项目名称"中输入"HelloWorld"(图 1-3),单击"创建"(图 1-4),等待 Virtual Studio 完成项目创建。

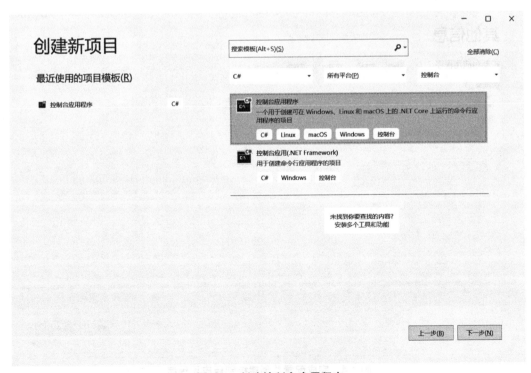

图 1-2　创建控制台应用程序

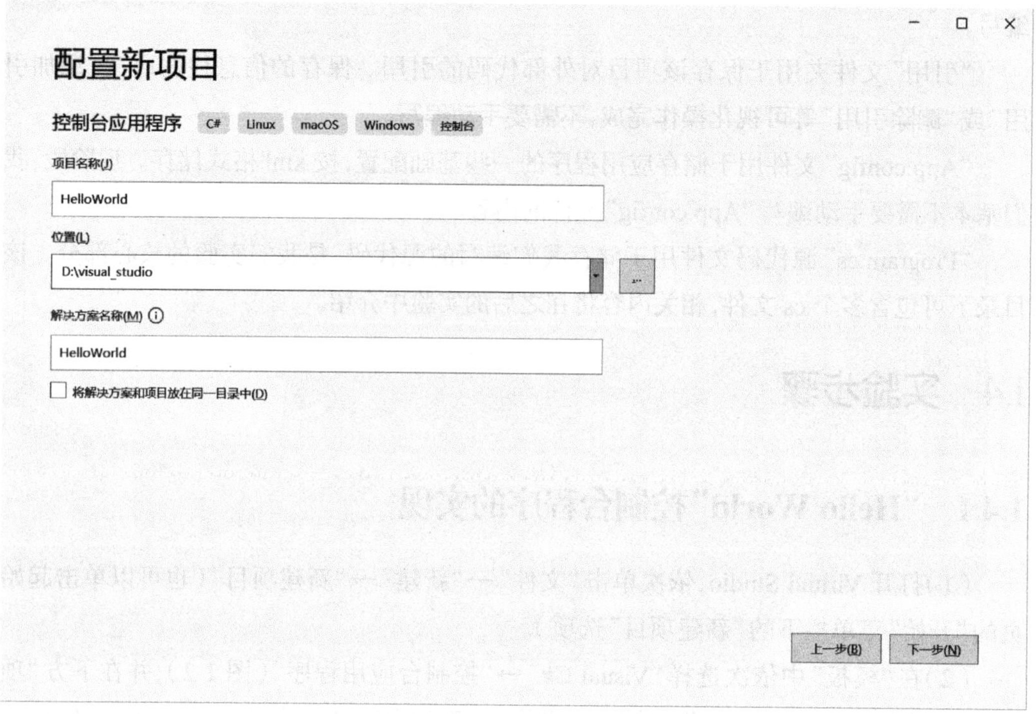

图 1-3　配置控制台应用程序项目名称

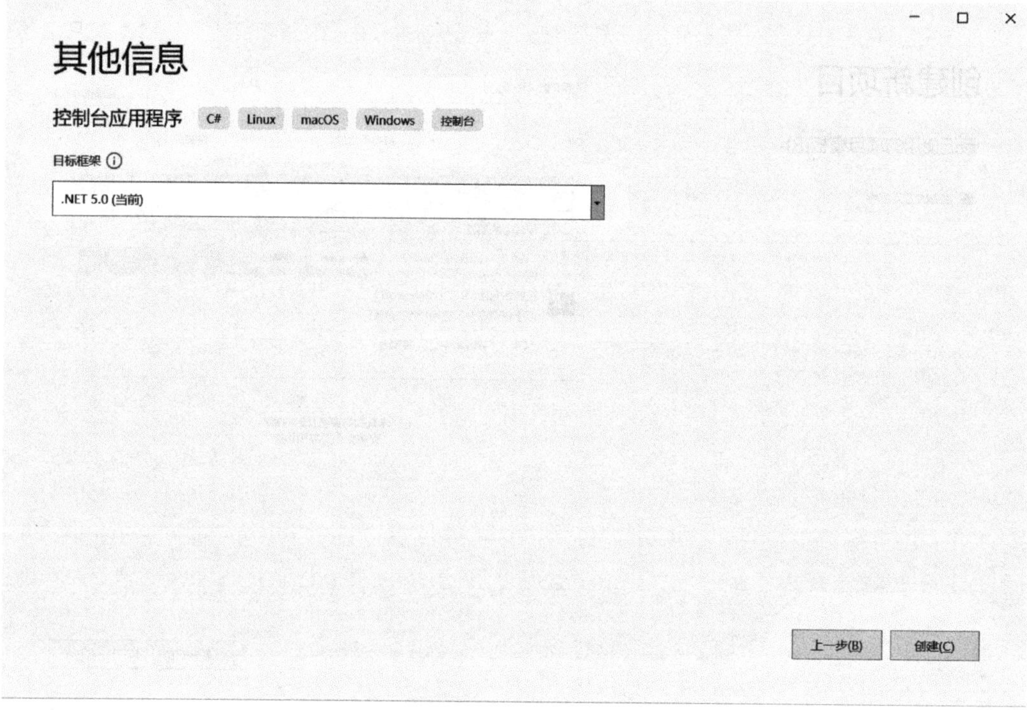

图 1-4　完成配置并创建控制台应用程序

（3）至此，Virtual Studio 的界面中应当显示"Program.cs"工程文件的程序代码与"解决方案资源管理器"两部分内容，如图 1-5 所示。若解决方案资源管理器未打开，可通过菜单栏的"视图"→"解决方案资源管理器"调出。

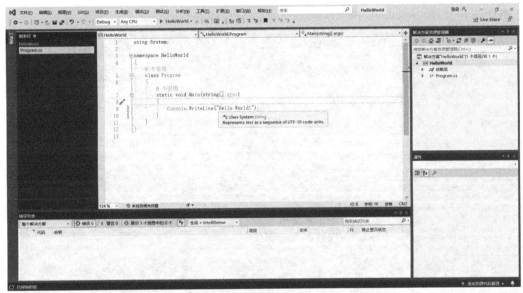

图 1-5　"HelloWorld"程序"Program.cs"工程文件

（4）修改"Program.cs"工程文件的程序代码，如图 1-6 所示。

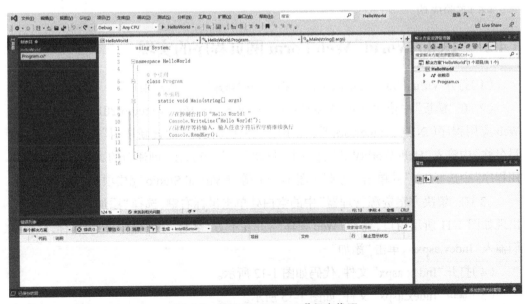

图 1-6　修改"HelloWorld"程序代码

（5）单击任务栏中的"启动"选项，等待 Virtual Studio 完成编译等操作，得到如图 1-7

所示的结果。我们注意到该控制台标题栏中的内容在 D 盘中相应地址下可以找到相应的.exe 可执行文件。这说明 Virtual Studio 通过我们编写的代码生成了一个可执行文件。我们尝试运行该可执行文件,得到与图 1-7 相同的结果。

图 1-7   "HelloWorld"程序运行结果

(6)实验成功。

1.4.2　"Hello World"Web Form 网页程序的实现

(1)打开 Virtual Studio,依次单击"文件"→"新建"→"新建项目"。

(2)在"模板"中依次选择"Visual C#"→"Web"→"Visual Studio 2012"→"ASP.NET Web 应用程序(.NET Framework)"(图 1-8),并在弹出的"配置新项目"对话框下方"项目名称"中输入"HelloWorldWeb"并单击"创建"(图 1-9),在"创建新的 ASP.NET Web 应用程序"中选择"空"并单击"创建"(图 1-10),等待 Virtual Studio 完成项目创建。

(3)在"解决方案资源管理器"中的空白处单击鼠标右键,选择"添加"→"新建项",出现如图 1-11 所示窗口,选择"Web 窗体",并在下方"名称"栏中输入相应名称,这里我们输入"Index.aspx",单击"添加"。

(4)打开"Index.aspx"文件,代码如图 1-12 所示。

(5)编辑"Index.aspx"文件,如图 1-13 所示。

(6)单击任务栏中的"从浏览器启动"选项,Virtual Studio 启动浏览器,出现如图 1-14 所示网页。

图 1-8 创建 ASP.NET Web 应用程序

配置新项目

ASP.NET Web 应用程序(.NET Framework)　　C#　Windows　云　Web

项目名称(J)

HelloWorldWeb

位置(L)

D:\visual_studio

解决方案名称(M) ⓘ

HelloWorldWeb

☐ 将解决方案和项目放在同一目录中(D)

框架(E)

.NET Framework 4.7.2

上一步(B)　　创建(C)

图 1-9 配置 ASP.NET Web 应用程序项目名称

图 1-10   创建一个空项目模板

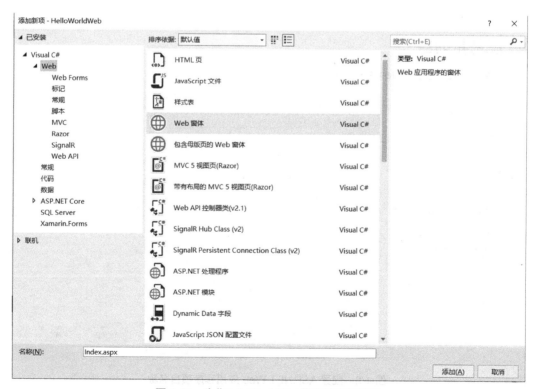

图 1-11   为"HelloWorldWeb"程序添加新项

图 1-12　"Index.aspx"文件程序代码

图 1-13　编辑"Index.aspx"文件

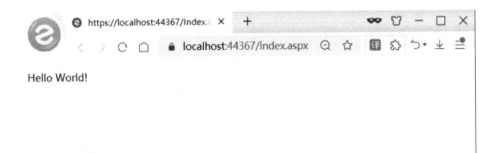

图 1-14　运行"HelloWorldWeb"程序

（7）实验成功。

1.4.3 "Hello World" Winform 窗体程序的实现

（1）打开 Virtual Studio，依次单击"文件"→"新建"→"新建项目"。

（2）在"模板"中依次选择"Visual C#"→"Windows 窗体应用（.NET Framework）"（图 1-15），并在单击"下一步"后弹出的"配置新项目"对话框下方"项目名称"中输入"HelloWorldWinform"（图 1-16），单击"创建"，等待 Virtual Studio 完成项目创建。

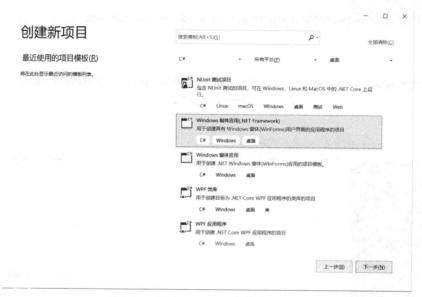

图 1-15　创建 Windows 窗体应用程序

图 1-16　配置 Windows 窗体应用程序项目名称

（3）调出 Windows 窗体应用程序工具箱，如图 1-17 所示。

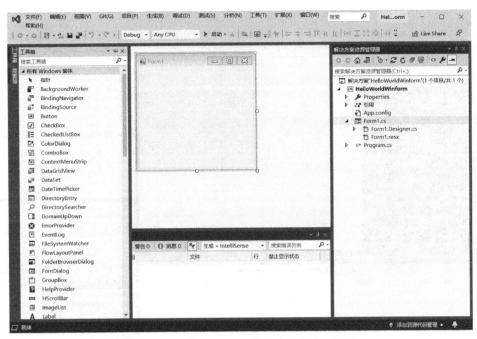

图 1-17　调出 Windows 窗体应用程序工具箱

（4）向工作区拖入一个 Lable 控件，如图 1-18 所示。

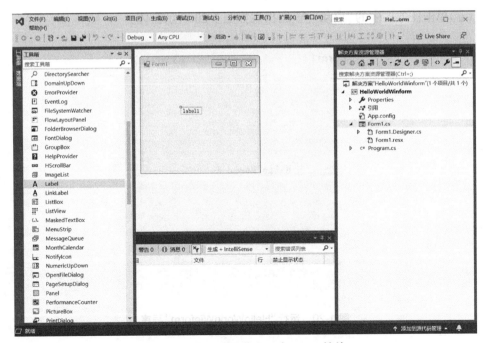

图 1-18　向工作区拖入一个 Lable 控件

（5）修改 Lable 控件的 Text 属性，如图 1-19 所示。

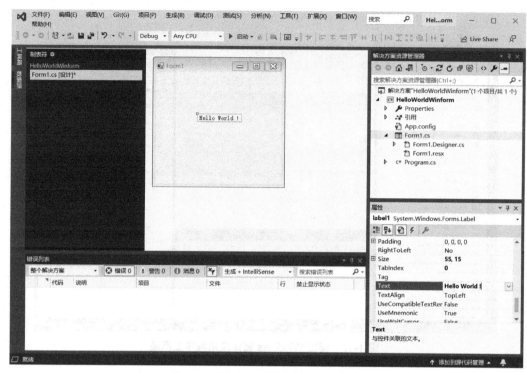

图 1-19   修改 Lable 控件的 Text 属性

（6）单击任务栏中的"启动"选项，出现如图 1-20 所示窗体。

图 1-20   运行"HelloWorldWinform"程序

（7）实验成功。

1.5　参考文档

1.Console 类

扫描右侧二维码，了解更多关于 Console 类的知识。

2..NET Framework 4.5

扫描右侧二维码，了解更多关于.NET Framework 4.5 的知识。

第 2 章　控制台程序的输入与输出

2.1　实验目标

（1）通过学习控制台的输入、输出方法，让学生理解控制台的概念，熟练使用 Console 类，掌握 Console 类下的 WriteLine() 方法、Write() 方法、ReadLine() 方法、Read() 方法，并能够区分 WriteLine() 方法和 Write() 方法、ReadLine() 方法和 Read() 方法。

（2）分别使用 Console.WriteLine() 方法和 Console.Write() 方法将变量 a=12345，b=123.45678 输出，观察二者的输出区别。

（3）分别使用 Console. ReadLine() 方法和 Console. Read() 方法将姓名输入，并结合已学输出方法输出结果，观察二者的区别。

2.2　指导要点

（1）输入的结果不易观察，所以需要学生先进行输出方法练习，掌握输出方法后，通过观察控制台的输出结果来理解控制台的输入方法。

（2）在控制台输入、输出程序实验教学中，需要提前向学生简单介绍命名空间、类、变量、注释等概念，以便学生更好地理解本节实验内容。

（3）由于学生还没有形成规范的编程习惯，所以尤其要强调编程规范，比如注释的编写、命名规则等。

（4）由于数据输出格式种类较多，需要简单向学生介绍输出格式的写法。

（5）Console 类除输入方法、输出方法外，还有很多方法和属性，鼓励学生实验课后上网查阅并学习使用。

2.3　相关知识要点

2.3.1　控制台（Console）概念

控制台是一个操作系统窗口，用户可以在控制台通过计算机键盘输入文本，并从计算机终端读取文本输出，实现与操作系统或基于文本的控制台应用程序进行交互。 例如，在 Windows 操作系统中控制台称为命令提示窗口，可以接受 MS-DOS 命令。 Console

类对从控制台读取字符并向控制台写入字符的应用程序提供基本支持。

2.3.2　输入与输出操作

数据的输入和输出方式有两种：方式一，从控制台输入，然后输出到控制台；方式二，从文件中输入，然后输出到文件中。

控制台的输入和输出主要通过命名空间 System 中的 Console 类来实现，它提供了从控制台读写字符的基本功能。控制台输入主要通过 Console 类的 Read() 方法和 ReadLine() 方法来实现，控制台输出主要通过 Console 类的 Write() 方法和 WriteLine() 方法来实现。

2.3.3　Console 类

Console 类表示控制台应用程序的标准输入流、输出流和错误流。 此类不能被继承。Console 类继承自 System 命名空间，在程序中使用 using 语句导入 System 命名空间，就可以直接使用 System 命名空间中的类或对象。所以要访问 Console 类，可以不用写为 System.Console，直接写为 Console 即可。

2.3.4　Console.Write() 方法和 Console.WriteLine() 方法

Write() 方法将信息输出到控制台；WriteLine() 方法将信息输出到控制台，并在输出信息的后面添加一个换行符，用来产生一个新行。Write() 方法与 WriteLine() 方法类似，都是将信息输出到控制台，但是 Write() 方法输出后并不会产生一个新行。

2.3.5　Console.ReadLine() 方法和 Console.Read() 方法

ReadLine() 方法每次从控制台读取一行输入字符，并在用户按下回车键时返回。但是，ReadLine() 方法并不接收回车键。如果 ReadLine() 方法没有接收到任何输入，或者接收了无效的输入，那么 ReadLine() 方法将返回 null。

Read() 方法从控制台的输入流读取下一个字符。Read() 方法一次只能从输入流读取一个字符，并且在用户按回车键时返回。当这个方法返回时，如果输入流中包含有效的输入，则它返回一个表示输入字符的整数；如果输入流中没有数据，则返回 −1。如果用户输入了多个字符，然后按回车键，此时，输入流中将包含用户输入的字符加上回车键 '\r'(13) 和换行符 '\n'(10)，则 Read() 方法只返回用户输入的第 1 个字符。用户可以通过多次调用 Read() 方法来获取所有输入的字符。

2.3.6 Console.ReadKey() 方法和 Console.ReadLine() 方法的区别

Console.ReadLine() 方法每次从控制台读取一行输入字符,并在用户按下回车键时返回。Console.ReadKey() 方法每次从控制台读取一个输入字符,并在用户按下任意键时返回。

2.3.7 7 种常用格式字符写法

1. 货币格式

格式字符 C 或者 c,作用是将数据转换成货币格式。在格式字符 C 或者 c 后面的数字表示转换货币格式后数据的小数位数。

2. 整数数据类型格式

格式字符 D 或者 d,作用是将数据转换成整数类型格式。在格式字符 D 或者 d 后面的数字表示转换整数类型后数据的位数。这个数字通常是正数,如果这个数字大于整数数据的位数,则格式数据将在首位前以 0 补齐,如果这个数字小于整数数据的位数,则显示所有的整数位数。

3. 科学计数法格式

格式字符 E 或者 e,作用是将数据转换成科学计数法格式。在格式字符 E 或者 e 后面的数字表示转换科学计数法格式后数据的小数位数,如果省略了这个数字,则显示 7 位有效数字。

4. 浮点数据类型格式

格式字符 F 或者 f,作用是将数据转换成浮点数据类型格式。在格式字符 F 或者 f 后面的数字表示转换后浮点数据的小数位数,其默认值是 2,如果所指定的小数位数大于数据的小数位数,则在数据的末尾以 0 补齐。

5. 通用格式

格式字符 G 或者 g,作用是将数据转换成通用格式。依据系统要求转换后的格式字符串最短的原则,通用格式可以使用科学计数法来表示,也可以使用浮点数据类型的格式来表示。

6. 自然数据格式

格式字符 N 或者 n,作用是将数据转换成自然数据格式。其特点是数据的整数部分每 3 位用 ","进行分隔,在格式字符 N 或者 n 后面的数字表示转换后的格式数据的小数位数,其默认值是 2。

7. 十六进制数据格式

格式字符 X 或者 x,作用是将数据转换成十六进制数据格式。在格式字符 X 或者 x 后面的数字表示转换十六进制数据后数据的位数。

2.4 实验步骤和相关代码

实验 2.1：控制台 Console.WriteLine() 输出方法的实现

1. 实验步骤

（1）打开 Virtual Studio，依次单击"文件"→"新建"→"新建项目"。

（2）在"模板"中依次选择"Windows"→"控制台应用程序"（图 2-1），并在单击"下一步"后弹出的"配置新项目"对话框下方"项目名称"中输入"Test"（图 2-2）并单击"下一步"，单击"创建"（图 2-3），等待 Virtual Studio 完成项目创建。

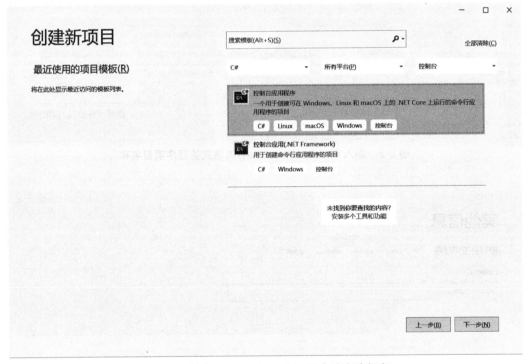

图 2-1 创建 Console.WriteLine() 方法实验程序

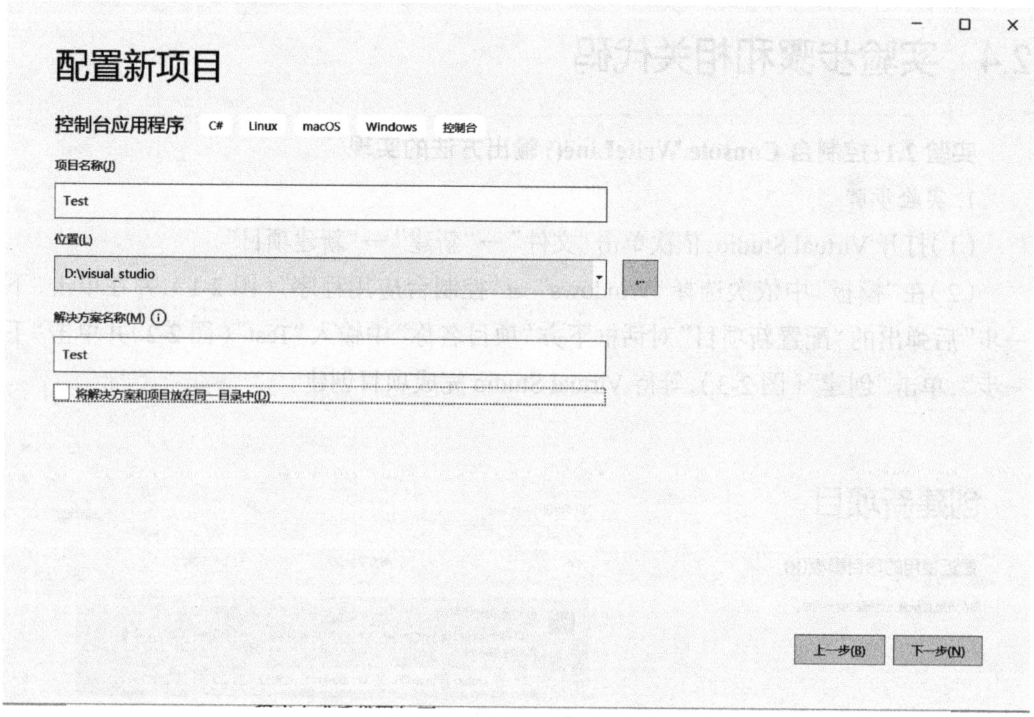

图 2-2   输入 Console.WriteLine() 方法实验程序项目名称

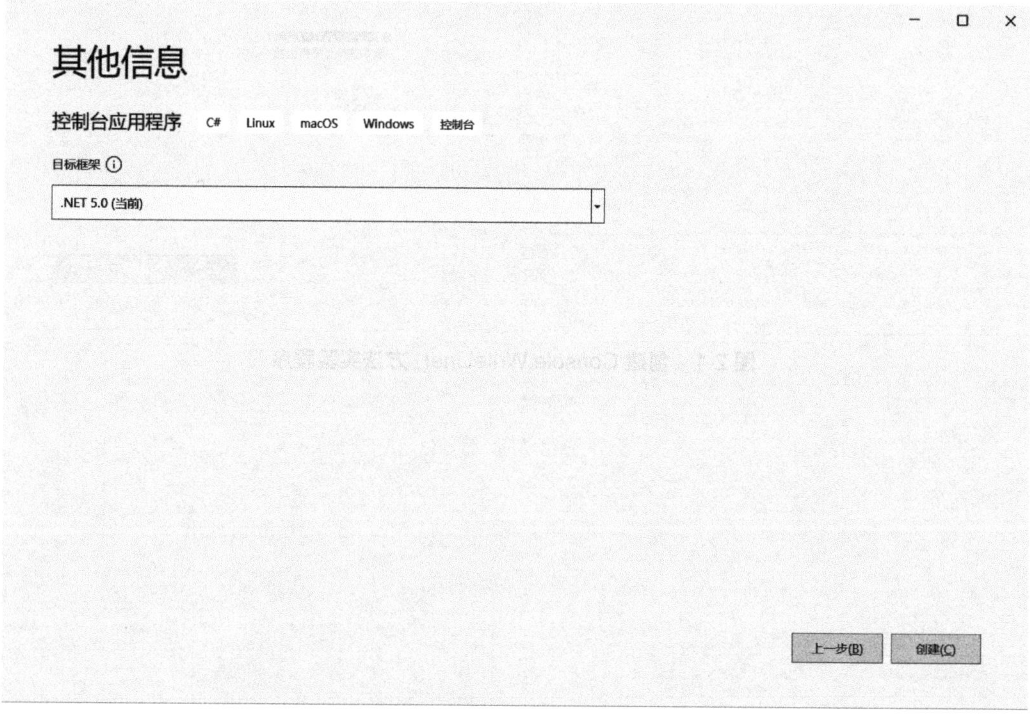

图 2-3   完成 Console.WriteLine() 方法实验程序创建

（3）Virtual Studio 完成"Test"项目的创建，如图 2-4 所示。

图 2-4 Console.WriteLine() 方法实验程序项目文件

（4）在项目文件中编写程序代码如下。

```
using System;
using System.Collections.Generic;
using System.Linq;
using System.Text;

namespace Test
{
    class Program
    {
        static void Main()
        {
            int a = 12345;
            double b = 123.45678;
            Console.WriteLine("a={0,8:D}        b={1,10:F3}", a, b);
            Console.WriteLine();
            Console.WriteLine("a={0,-8:D}        b={1,-10:F3}", a, b);
            Console.WriteLine(" 按任意键结束...");
            Console.ReadKey();
```

```
        }
      }
    }
```
（5）程序执行结果如图 2-5 所示。

图 2-5　Console.WriteLine() 方法实验程序运行结果

2. 实验结果分析

"Test"程序通过对输出格式代码的使用及参数的设置,实现了对输出格式的控制。从输出结果可以看到,第一行输出的字符按照右对齐方式排列;第二行 Console.Write-Line() 语句输出一个空行;第三行输出的字符按照左对齐的方式排列。

在这个实验中,可以让同学们自行改变输出格式,学习不同输出格式的运用。

实验 2.2:控制台 Console.Write() 输出方法的实现

1. 实验步骤

（1）参照实验 2.1 第（1）至（3）步完成 Console.Write() 方法实验程序项目文件的创建。

（2）在项目文件中编写程序代码如下。

```
using System;
using System.Collections.Generic;
using System.Linq;
using System.Text;
```

```
namespace Test
{
    class Program
    {
        static void Main()
        {
            int a = 12345;
            double b = 123.45678;
            Console.Write("a={0,8:D}        b={1,10:F3}", a, b);
            Console.Write("a={0,-8:D}        b={1,-10:F3}", a, b);
            Console.Write(" 按任意键结束...");
            Console.ReadKey();


        }
    }
}
```

（3）程序执行结果如图 2-6 所示。

图 2-6　Console.Write() 方法实验程序运行结果

2. 实验结果分析

Write() 方法和 WriteLine() 方法类似,都是将字符输出到控制台,但是 Write() 方法输出后并不会产生一个新行。

实验 2.3:控制台 Console.ReadLine() 输入方法的实现

1. 实验步骤

（1）参照实验 2.1 第（1）至（3）步完成 Console.ReadLine() 方法实验程序项目文件的创建。

（2）在项目文件中编写程序代码如下。

```csharp
using System;
using System.Collections.Generic;
using System.Linq;
using System.Text;

namespace Test
{
    class Program
    {
        static void Main()
        {
            string namestr;
            Console.WriteLine(" 请输入你的姓名:");
            namestr = Console.ReadLine();
            Console.WriteLine("{0}, 欢迎你！", namestr);
            Console.Write(" 按任意键结束...");
            Console.ReadKey();



        }
    }
}
```

（3）程序执行结果如图 2-7 所示。

图 2-7　Console.ReadLine() 方法实验程序运行结果

2. 实验结果分析

ReadLine() 方法每次从控制台读取一行输入字符,并在用户按下回车键时返回。

实验 2.4:控制台 Console.Read() 输入方法的实现

1. 实验步骤

(1)参照实验 2.1 第(1)至(3)步完成 Console.Read() 方法实验程序项目文件的创建。

(2)在项目文件中编写程序代码如下。

```
using System;
using System.Collections.Generic;
using System.Linq;
using System.Text;

namespace Test
{
    class Program
    {
        static void Main()
        {
            Console.Write(" 请输入字符:");
            int a = Console.Read();
```

```
        Console.WriteLine(" 用户输入的内容为：{0}", a);
        Console.Write(" 按任意键结束...");
        Console.ReadKey();



            }
        }
    }
```

（3）程序执行结果如图 2-8 所示。

（a）

（b）

图 2-7　Console.Read() 方法实验程序运行结果

（a）输入字符 abc；（b）输入字符 a

2. 实验结果分析

在控制台中输入字符 abc 和 a,得到的结果是一致的,表明 Read() 方法一次只能从输入流中读取一个字符,且直到用户按下回车键时才会返回。这里,97 是字母 a 的 Unicode 编码对应的十进制值。

2.5　参考文档

扫描右侧二维码,了解更多关于 C# 程序的基础知识。

第 3 章　变量与结构

3.1　实验目标

（1）了解变量的含义与使用方式。

（2）利用 C# 语言编程，理解并尝试使用变量。

（3）通过 DateTime 结构了解结构体，尝试自定义结构。

3.2　指导要点

（1）区分并理解变量的声明、定义、赋值与调用。

（2）应主要掌握常用变量类型的使用（int、double、bool、char 与 string）。

3.3　相关知识要点

3.3.1　C# 常用变量

大家在使用 C# 语言编程的过程中，最为常用的变量有整数型、浮点型、布尔型、字符型、字符串、枚举、结构等。

1. 整数型

整数型变量常用的有 byte、short、int、long、ushort、uint、ulong 几种。其中，最为常用的是 int 型，原则上应按照实际需要选择合适的变量类型。不同整数型变量的区别如表 3-1 所示。

表 3-1　不同整数型变量的区别

类型	范围（十进制）	大小
byte	0 ~ 255	无符号 8 位二进制整数
short	-32 768 ~ 32 767	有符号 16 位二进制整数
int	-2 147 483 648 ~ 2 147 483 647	有符号 32 位二进制整数
long	-9 223 372 036 854 775 808 ~ 9 223 372 036 854 775 807	有符号 64 位二进制整数
ushort	0 ~ 65 535	无符号 16 位二进制整数

续表

类型	范围(十进制)	大小
uint	0 ~ 4 294 967 295	无符号 32 位二进制整数
ulong	0 ~ 18 446 744 073 709 551 615	无符号 64 位二进制整数

2. 浮点型

浮点型变量主要有 float、double 和 decimal 三种。其中，decimal 的精度与范围更加适用于金融与财务数据。不同浮点型变量的区别如表 3-2 所示。

表 3-2　不同浮点型变量的区别

类型	大致范围	精度
float	$3.4 \times 10^{-38} \sim 3.4 \times 10^{38}$	7 位
double	$1.7 \times 10^{-308} \sim 1.7 \times 10^{308}$	1 516 位
decimal	$-7.9 \times 10^{28} \sim 1.0 \times 10^{-28}, -1.0 \times 10^{-28} \sim -7.9 \times 10^{28}$	2 829 位

3. 布尔型

布尔(bool)型变量只能被赋予 true 或 false 两个值。

4. 字符型

字符(char)型变量用于声明 Unicode 字符，能表示大多数语言。

5. 字符串

字符串(string)变量与上述三种值类型变量不同，这是 C# 内置引用类型变量。

6. 枚举

枚举(enum)变量是一种由一组命名常量组成的独特变量。

7. 结构

结构(struct)变量是一种值类型，用来封装变量组，详细内容请阅读 3.5 节所列参考资料。

在目前阶段，我们理解并掌握以上七种类型即可。在后面的实验中，我们将分别对这七种变量进行声明、定义、赋值与调用。

3.3.2　变量与计算机逻辑

对于第一次接触编程的同学来说，能否理解并掌握以变量与计算机逻辑为基础构建虚拟世界的方式，决定了你是否适合从事编程工作。无论是 C/C++、C#、Java 还是 Swift，它们都是基于本质相同的逻辑思路来设计的。这种逻辑思路的背后有着充实的数学与逻辑基础作为支撑，它们是一代代计算机学家、数学家甚至哲学家、物理学家心血的结晶。

如果你能够掌握这种高效的逻辑思路,那么,作为这种逻辑思路的具体实现,单纯的一门编程语言则会非常容易掌握。这也意味着,你学习新语言的速度将会变得非常快。必须承认,要掌握这种逻辑思路需要一定的悟性,但更需要大量的思考、理解与实践。

3.4   实验步骤

实验 3.1: 变量的声明、定义、赋值与调用

1. int 型与 double 型

int 型(整数型)的变量将是大家在之后的编程中接触最多的变量,它的取值范围基本可以满足一般需求。int 型只能表示整数,不能表示小数。double 型(双精度浮点型)是最为常用的支持小数的类型,能够满足一般的需求。注意,double 型能够用科学计数法表示很大或很小的数,但其精度有限。

在下面的实验中,请尝试对 int 型和 double 型变量进行声明、定义、赋值与调用。

参考代码如下:

```
// 声明 int 型变量 a
int a;
// 将 a 赋值为 1
a = 1;
// 声明并定义 int 型变量 b,初始值为 2
int b = 2;
// 调用并输出变量 a
Console.WriteLine(a);
// 调用并输出变量 b
Console.WriteLine(b);
// 将变量 b 的值赋给变量 a
a = b;
// 调用并输出变量 a
Console.WriteLine(a);
// 调用并输出变量 b
Console.WriteLine(b);
// 声明并定义 double 型变量 c,初始值为 3
double c = 3D;
// 调用并输出变量 c
Console.WriteLine(c);
```

```
// 将变量 c 赋值为 2.1
c = 2.1;
// 调用并输出变量 c
Console.WriteLine(c);
// 将变量 c 赋值为 1.5E+3
c = 1.5E+3;
// 调用并输出变量 c
Console.WriteLine(c);
```

参考代码输出结果如图 3-1 所示。

```
1
2
2
2
3
2.1
1500
```

图 3-1　int 型与 double 型变量输出结果

2. bool 型

bool 型(布尔型)变量只有 true 与 false 两个值。布尔型变量用于逻辑判断,在编程中经常被使用。此外,布尔型变量在哈希表等数据结构与算法中有重要的应用,是实际应用、竞赛与面试的热点。

在下面的实验中，请尝试对布尔型变量进行声明、定义、赋值和调用。

参考代码如下：

```
// 声明 bool 型变量 a
bool a;
// 将 a 赋值为 true
a = true;
// 声明并定义 bool 型变量 b，初始值为 false
bool b = false;
// 调用并输出变量 a
Console.WriteLine(a);
// 调用并输出变量 b
Console.WriteLine(b);
// 将变量 b 的值赋给变量 a
b = a;
// 调用并输出变量 b
Console.WriteLine(b);
// 暂停
Console.ReadKey();
```

参考代码输出结果如图 3-2 所示。

图 3-2　布尔型变量输出结果

3. char 型与 string 型

char 型（字符型）变量用于表示 Unicode 编码的字符，可以赋值于大多数语言文字及符号。string 型变量用于表示一个字符序列,可以包含一个或多个 Unicode 字符,多用于表示一个语句或一篇文章。在进一步学习数组的概念之后会发现,我们可以近似认为 string 型是一个 char 型数组。注意,string 值类型与 String 类并不相同,具体内容将在后面学习。

在下面的实验中,请尝试对 char 型与 string 型变量进行声明、定义、赋值和调用。注意,对 char 型变量赋值应尽量使用单引号,对 string 型变量赋值应尽量使用双引号。

参考代码如下:

```
// 声明 char 型变量 a
char a;
// 将 a 赋值为 'A'
a = 'A';
// 声明并定义 char 型变量 b,初始值为 'B'
char b = 'B';
// 调用并输出变量 a
Console.WriteLine(a);
// 调用并输出变量 b
Console.WriteLine(b);
// 将变量 b 的值赋给变量 a
b = a;
// 调用并输出变量 b
Console.WriteLine(b);
// 声明 string 型变量 s
string s;
// 将 s 赋值为 "Hello World!"
s = "Hello World!";
// 声明并定义 string 型变量 t,初始值为 "Tianjin Uni."
string t = "Tianjin Uni.";
// 调用并输出变量 s
Console.WriteLine(s);
// 调用并输出变量 t
Console.WriteLine(t);
// 将变量 t 的值赋给变量 s
t = s;
// 调用并输出变量 t
```

Console.WriteLine(t);

// 暂停

Console.ReadKey();

参考代码输出结果如图 3-3 所示。

图 3-3   char 型与 string 型变量输出结果

4. 枚举型

枚举型（enum 型）变量可以直接定义在命名空间中，也可以定义在类或结构体中。在下面的实验中，请尝试自定义类型，并对其进行定义与调用。

参考代码如下：

```
// 声明并定义枚举型变量 Days，并初始化它的值。
enum Days { Sun, Mon, Tue, Wed, Thu, Fri, Sat };
static void Main(string[] args)
{
    // 调用并输出变量 Days 的 Fri 元素
    Console.WriteLine(Days.Fri);
    // 调用变量 Days 的 Fri 元素，将其转化为 int 型变量并输出
    Console.WriteLine((int)Days.Fri);
    Console.ReadKey();
}
```

参考代码输出结果如图 3-4 所示。

图 3-4　enum 型变量输出结果

实验 3.2：struct 结构体的使用

有时候单一的变量并不能很好地描述一个抽象概念。比如一名学生，他可能同时具有多个客观属性。我们希望能够用单一的变量类型来表示学生，就需要用到自定义结构体。

C# 语言自带了一部分结构体供大家使用，它们集成在.NET Framework 中，其中最为常用的是 DateTime 结构体，用于表示时间。

结构体是面向过程编程思想中的一个重要概念。虽然 C# 是一门纯面向对象的语言，但仍然保留了结构体的使用。在实际工作中，我们一般使用面向对象技术中的"类"来实现相关的需求，尤其在涉及构造函数、运算符、事件等功能时。

在下面的实验中，请尝试自定义结构体，尝试使用 DateTime 结构。

参考代码如下：

```
/// <summary>
/// 自定义 student 结构
/// </summary>
struct Student
{
    public string name;
    public int age;
    public DateTime birthday;
}
```

```
static void Main(string[] args)
{
    // 声明 student 结构体
    Student student;
    // 定义 student 结构体的 name 属性
    student.name = " 小明 ";
    // 定义 student 结构体的 age 属性
    student.age = 18;
    // 定义 student 结构体的 birthday 属性
    student.birthday = new DateTime(2000, 1, 1);
    // 调用并输出 student 结构体的 name 属性
    Console.WriteLine(student.name);
    // 调用并输出 student 结构体的 age 属性
    Console.WriteLine(student.age);
    // 调用 student 结构体的 birthday 属性，将其转化为 ShortDateString 形 // 式
    并输出
    Console.WriteLine(student.birthday.ToShortDateString());
    Console.ReadKey();
}
```

参考代码输出结果如图 3-5 所示。

图 3-5   struct 结构体输出结果

3.5　参考文档

1.string 类型

扫描右侧二维码，了解更多关于 string 类型的知识。

2.DateTime 结构

扫描右侧二维码，了解更多关于 DateTime 结构的知识。

3.Convertor 类

扫描右侧二维码，了解更多关于 Convertor 类的知识。

4.struct 值类型

扫描右侧二维码，了解更多关于 struct 值类型的知识。

5.enum 枚举类型

扫描右侧二维码，了解更多关于 enum 枚举类型的知识。

6. 引用类型

扫描右侧二维码，了解更多关于引用类型的知识。

第4章 表达式

4.1 实验目标

（1）通过实验加深对几种重要运算符概念的理解，学会使用几种常见的算术运算符、赋值运算符、条件运算符和关系运算符，知道运算符的优先级，在计算表达式时，会按顺序处理每个运算符。

（2）定义 int 类型变量 a、b，并分别赋值为 10、3；把几种基本算术运算符（如 +、-、*、/、%）运用到对 a、b 变量的算术运算中；利用 Console.WriteLine() 方法将运算结果输出，从而加深对几种基本的算术运算符的理解。注意隐式转换和显式转换两种数据类型转换方式以及 System.Convert 类的使用练习。

（3）将变量 a、b 分别应用前缀递增运算符（++a）和后缀递增运算符（b++），分析实验结果，根据所学知识思考二者的区别，从而加深理解。

（4）进行算术运算符、赋值运算符和关系运算符的使用练习，注意运算符的优先级。

（5）使用算术运算符、赋值运算符、条件运算符和关系运算符等进行综合练习。

（6）math 类使用举例。

4.2 指导要点

（1）需要注意增量运算符（++）和减量运算符（--）的前缀式和后缀式使用含义的不同。增量运算符、减量运算符只能对变量进行运算，不能对常量或表达式进行运算。例如，5++ 或 --(x+y) 都是错误的。

（2）在进行算术赋值运算练习中会涉及数据类型转换的问题，需要向学生们提前讲解两种转换方式的区别以及各自的注意事项，System.Convert 类方法比较多，实验课上只能练习一两种，指导老师需提醒学生们进行课下练习。

（3）逻辑运算符和条件运算符在本书后面章节会做详细介绍，但是实验练习中会用到逻辑运算符，需要提前为学生们做一些简单介绍。

4.3　相关知识要点

4.3.1　表达式的概念

表达式由操作数 (operand) 和运算符 (operator) 构成,运算符指示对操作数进行什么样的运算。

4.3.2　运算符的概念

运算符是处理和操作数据的一种符号单元,其作用是标识出数据与数据之间的运算关系,从而帮助程序来操作这些数据进行运算。因此,运算符又被称作操作符。C# 支持6 种类型的运算符,即算术运算符、赋值运算符、关系运算符、逻辑运算符、位运算符和特殊运算符等。

4.3.3　运算符的分类

运算符按执行操作的操作数的数量进行分类,可分为以下 3 类。

1. 一元运算符

一元运算符对 1 个操作数进行运算,并使用前缀表示法 (如 –a) 或后缀表示法 (如 x++)。

2. 二元运算符

二元运算符对 2 个操作数进行运算,并且全都使用中缀表示法 (如 a+b)。

3. 三元运算符

C# 中只有一个三元运算符 "?:",它对 3 个操作数进行运算,并使用中缀表示法 (如 c? a: b)。

4.3.4　运算符

1. 算术运算符

算术运算符是进行算术运算操作的操作符,它可以完成基本的算术运算功能,主要作用是对整数型或实数型变量进行各种基本的数学运算。在 C# 中,算术运算符主要包括 7 种,如表 4-1 所示。+、-、*、/、% 运算符与数学中的基本运算紧密关联,依次对应基本运算的加、减、乘、除和求余,其使用方法也与数学基本运算遵循的规则相同。

表 4-1　算术运算符

运算符	说明	操作数个数	操作数类型	运算结果类型	实例
+	取正或加法	1 或 2			+5、6+8+a
−	取负或减法	1 或 2			−3、a−b
*	乘法	2			3*a*b、5*2
/	除法	2	任何数值类型	数值类型	7/4、a/b
%	模（求整数除法的余数）	2			a%(2+5)、a%b、3%2
++	递增运算	1			a++、++b
——	递减运算	1			a——、——b

增量运算符（++）是一元运算符,它的作用是使变量的值增加 1。如果增量运算符在它的操作数前面（如 ++a）,C# 将在取得操作数的值前执行递增运算;如果增量运算符在操作数的后面（如 a++）,C# 将先取得操作数的值,然后执行递增运算。

减量运算符（——）是一元运算符,它的作用是使变量的值减少 1。如果减量运算符在它的操作数前面（如 ——a）,C# 将在取得操作数的值前执行递减运算;如果减量运算符在操作数的后面（如 a——）,C# 将先取得操作数的值,然后执行递减运算。

2. 赋值运算符

赋值运算符的作用是为常量和变量进行初始化,或为变量赋予一个新的值。赋值运算符即变量赋值的方法,可以使用赋值运算符"="进行赋值操作。赋值运算符不仅可以在变量被声明时为变量赋值,还可以对已初始化的变量进行赋值,用法如表 4-2 所示。

表 4-2　赋值运算符

类型	运算符	实例
简单赋值运算符	=	a=1
复合赋值运算符	+=	a+=1（等同于 a=a+1）
	−=	a=1（等同于 a=a−1）
	*=1	a*=1（等同于 a=a*1）
	/=	a/=1（等同于 a=a/1）
	%=	a%=1（等同于 a=a%1）

3. 类型转换运算符

数据类型在一定条件下是可以相互转换的。C# 允许使用两种转换的方式:隐式转换和显式转换。

1）隐式转换

隐式转换是系统默认的、不需要加以声明就可以进行的转换。这种转换一般是"向上"的，即由占存储空间小的数据类型向占存储空间大的数据类型转换。

2）显式转换

显式转换又叫强制类型转换，显式转换要明确指定转换类型。

显式转换格式如下：

（类型标识符）表达式

表示将表达式中值的类型转换为类型标识符的类型。

显式转换注意事项：①显式转换可能会导致错误；②对于将 float、double、decimal 转换为整数，会通过舍入得到最接近的整型值，如果这个整型值超出取值范围，则出现转换异常。

3）System.Convert 类

System.Convert 类位于命名空间 System，它为数据转换提供了一整套方法，可以将一个基本数据类型转换为另一个基本数据类型。使用 Convert 类的方法可以方便地执行显示、隐式数据类型转换的功能，以及不相关数据类型的转换。

常用 Convert 类的方法有：ToBoolean、ToByte、ToChar、ToDateTime、ToDecimal、ToDouble、ToInt16、ToInt32、ToInt64、ToSingle、ToString、ToSByte、ToUint16、ToUint32、ToUint64。

4. 关系运算符

关系运算符用于比较两个值的大小，其结果不是 true 就是 false。常见的关系运算符如表 4-3 所示。

表 4-3　关系运算符

运算符	说明	运算结果类型	操作数个数	实例
>	大于			3>6、x>2、b>a
<	小于			3.14<3、x<y
>=	大于等于	布尔型，如果条件成立，结果为 true，否则结果为 false	2	3.26>=b
<=	小于等于			PI<=3.1416
==	等于			3==2、x==2
!=	不等于			x!=y、3!=2

5. 条件运算符

条件运算符的格式如下：

操作数 1? 操作数 2: 操作数 3

表示进行条件运算时，首先判操作数 1 的布尔值是 true 还是 false：如果值为 true，则返回操作数 2 的值;如果为 false,则返回操作数 3 的值。

6. 运算符的优先级

当表达式包含多个运算符时,运算符的优先级决定各运算符的计算顺序,具体如表 4-4 所示。

表 4-4   运算符优先级

类别	优先级	运算符
基本运算	第一级	x.y、f(x)、a[x]、x++、x--
一元运算	第二级	+、-、!、~、++x、--x、(T)x
乘运算、除运算	第三级	*、/、%
加运算、减运算	第四级	+、-
位运算	第五级	<<、>>
关系运算	第六级	<、>、<=、>=
相等运算	第七级	==、!=
逻辑与运算	第八级	&
逻辑异或运算	第九级	^
逻辑或运算	第十级	|
条件与运算	第十一级	&&
条件或运算	第十二级	||
条件运算	第十三级	?:
赋值运算	第十四级	=、*=、/=、%=、+=、-=、<<=、>>=、&=、^=、|=

7. Math 类

Math 类位于 System 命名空间下,为三角函数、对数函数和其他通用数学函数提供常数和静态方法。

8. 连接运算符

在 C# 中,加法运算符(+)还可以作为连接运算符,连接运算的作用是将若干字符串型变量拼接为一个新的字符串变量。例如,string str = "Hello"+ "World"。

4.4   实验步骤

实验 4.1:基本算术运算符应用实验

1. 实验步骤

(1)创建新的控制台应用程序,输入以下代码:

```
using System;

using System.Collections.Generic;
```

```
using System.Linq;
using System.Text;

namespace Test
{
    class Program
    {
        static void Main()
        {
            int a=10;
            int b=3;
            Console.WriteLine("a+b={0}", a + b);
            Console.WriteLine("a*b={0}", a*b);
            Console.WriteLine("a/b={0}", a/b);
            Console.WriteLine("a%b={0}", a%b);
            Console.WriteLine( ++a);
            Console.WriteLine(--b);
            Console.WriteLine(a++);
            Console.WriteLine(b--);
            Console.WriteLine(" 按任意键结束...");
            Console.ReadKey();
        }
    }
}
```

程序执行结果如图 4-1 所示。

图 4-1   基本算术运算符应用实验第一次执行结果

（2）将代码做以下改变：

```
int a = 10;
int b = 3;
int c = a / b;
Console.WriteLine("a+b={0}", a + b);
Console.WriteLine("a*b={0}", a * b);
Console.WriteLine("a/b={0}", c);
Console.WriteLine("a%b={0}", a % b);
Console.WriteLine(++a);
Console.WriteLine(--b);
Console.WriteLine(a++);
Console.WriteLine(b--);
Console.WriteLine(" 按任意键结束...");
Console.ReadKey();
```

程序执行结果如图 4-2 所示。

图 4-2　基本算术运算符应用实验第二次执行结果

（3）再次将代码做如下改变：

```
double a = 10;
double b = 3;
double c = a / b;
int d = Convert.ToInt32(c);
Console.WriteLine("a+b={0}", a + b);
Console.WriteLine("a*b={0}", a * b);
Console.WriteLine("a/b={0}", c);
Console.WriteLine("a/b={0}", d);
Console.WriteLine("a%b={0}", a % b);
Console.WriteLine(++a);
Console.WriteLine(--b);
Console.WriteLine(a++);
Console.WriteLine(b--);
Console.WriteLine(" 按任意键结束...");
Console.ReadKey();
```

程序执行结果如图 4-3 所示。

图 4-3   基本算术运算符应用实验第三次执行结果

2. 实验结果分析

实验过程中需要注意数据类型转换的问题。

实验 4.2：增量运算符、减量运算符应用实验

1. 实验步骤

（1）创建新的控制台应用程序，输入以下代码：

```
using System;
using System.Collections.Generic;
using System.Linq;
using System.Text;

namespace Test
{
    class Program
    {
        static void Main()
        {
            int a = 5;
            int b = ++a;
            Console.WriteLine("a=" + a + ",b=" + b);
            Console.WriteLine(" 按任意键结束...");
```

```
        Console.ReadKey();
    }
  }
}
```

程序执行结果如图 4-4 所示。

图 4-4 增量运算符、减量运算符应用实验前缀式执行结果

（2）将代码做以下改变：

```
int a = 5;
int b = a++;
Console.WriteLine("a=" + a + ",b=" + b);
Console.WriteLine(" 按任意键结束...");
Console.ReadKey();
```

程序执行结果如图 4-5 所示。

图 4-5　增量运算符、减量运算符应用实验后缀式执行结果

2. 实验结果分析

增量运算符(++)和减量运算符(−−)是两个特殊的一元运算符,它们除了对操作数分别进行递增运算和递减运算以外,还带有赋值功能。前缀式、后缀式的区别在于,前缀式的递增运算或减递运算是先进行算术运算再进行赋值,后缀式则是先赋值再进行算术运算。

实验步骤(1)的代码中,前缀递增运算 ++a 先对变量 a 的值加 1(此时变量 a 的值为 6),然后再将变量 a 的值赋值给变量 b,因此变量 b 的值也是 6。实验步骤②的代码中,后缀递增运算 a++ 会先将 a 的值 5 赋值给变量 b,然后再对变量 a 进行递增运算,将运算结果赋值给变量 a,因此变量 a 的值为 6,变量 b 的值为 5。

实验 4.3：算术赋值运算符和关系运算符应用实验

1. 实验步骤

创建新的控制台应用程序,输入以下代码:

```
using System;
using System.Collections.Generic;
using System.Linq;
using System.Text;

namespace Test
{
    class Program
```

```
    {
        static void Main()
        {
            int a1 = 8, a2 = 8;
            int b = 3;
            bool c;
            a1 %= b * 2 - 5;
            a2 = a2 % (b * 2 - 5);
            c = a1 == a2;
            Console.WriteLine("a1=a2 is {0}", c);
            Console.WriteLine(" 按任意键结束...");
            Console.ReadKey();
        }
    }
}
```

程序执行结果如图 4-6 所示。

图 4-6　算术赋值运算符和关系运算符应用实验执行结果

2. 实验结果分析

　　a1 %= b * 2 - 5 与 a2 = a2 % (b * 2 - 5) 的运算结果相同。

实验 4.4:条件运算符应用及综合练习实验

创建新的控制台应用程序,输入以下代码:

```csharp
using System;
using System.Collections.Generic;
using System.Linq;
using System.Text;

namespace Test
{
    class Program
    {
        static void Main()
        {
            int a = 10, b = 20, c;
            bool k1, k2, k3;
            k1 = a < b;
            k2 = a == b;
            c = k1 ? a++ : --b;
            k3 = k1 || k2 && !k1;
            Console.WriteLine("k1={0} k2={1} k3={2}", k1, k2, k3);
            Console.WriteLine("a={0} b={1} c={2}", a, b, c);
            Console.WriteLine(" 按任意键结束...");
            Console.ReadKey();
        }
    }
}
```

程序执行结果如图 4-7 所示。

图 4-7　条件运算符应用及综合练习实验执行结果

实验 4.5：Math 类使用举例

1. 实验步骤

创建新的控制台应用程序，输入以下代码：

```
using System;
using System.Collections.Generic;
using System.Linq;
using System.Text;

namespace Test
{
    class Program
    {
        static void Main()
        {
            int i=10,j=-5;
            double x=1.3,y=2.7;
            double a=2.0,b=5.0;
            Console.WriteLine(string.Format("-5 的绝对值为 {0}",
Math.Abs(j)));
            Console.WriteLine(string.Format(" 大于等于 1.3 的最小整数为
{0}",Math.Ceiling(x)));
```

```
            Console.WriteLine(string.Format(" 小于等于 2.7 的最大整数为
{0}",Math.Floor(y)));
            Console.WriteLine(string.Format("10 和 -5 的较大者为 {0}",
Math.Max(i,j)));
            Console.WriteLine(string.Format("1.3 和 2.7 的较小者为 {0}",
Math.Min(x,y)));
            Console.WriteLine(string.Format("2 的 5 次方为 {0}",Math.Pow(a,b)));
            Console.WriteLine(string.Format("1.3 的四舍五入为 {0}",
Math.Round(x)));
            Console.WriteLine(string.Format("5 的平方根为 {0}",
Math.Sqrt(b)));
            Console.WriteLine(" 按任意键结束...");
            Console.ReadKey();
        }
    }
}
```

程序执行结果如图 4-8 所示。

图 4-8   Math 类使用举例程序执行结果

2. 实验结果分析

Math 类的全部运算方法如下：

（1）Abs 返回指定数字的绝对值；

（2）Acos 返回余弦值为指定数字的角度；

（3）Asin 返回正弦值为指定数字的角度；

（4）Atan 返回正切值为指定数字的角度；

（5）Atan2 返回正切值为两个指定数字的商的角度；

（6）BigMul 生成两个 32 位数字的完整乘积；

（7）Ceiling 返回大于或等于指定数字的最小整数；

（8）Cos 返回指定角度的余弦值；

（9）Cosh 返回指定角度的双曲余弦值；

（10）DivRem 计算两个数字的商，并在输出参数中返回余数；

（11）Exp 返回 e 的指定次幂；

（12）Floor 返回小于或等于指定数字的最大整数；

（13）IEEERemainder 返回一指定数字被另一指定数字相除的余数；

（14）Log 返回指定数字的对数；

（15）Log10 返回指定数字以 10 为底的对数；

（16）Max 返回两个指定数字中较大的一个；

（17）Min 返回两个指定数字中较小的一个；

（18）Pow 返回指定数字的指定次幂；

（19）Round 将值舍入到最接近的整数或指定的小数位数；

（20）Sign 返回表示数字符号的值；

（21）Sin 返回指定角度的正弦值；

（22）Sinh 返回指定角度的双曲正弦值；

（23）Sqrt 返回指定数字的平方根；

（24）Tan 返回指定角度的正切值；

（25）Tanh 返回指定角度的双曲正切值；

（26）Truncate 计算一个数字的整数部分；

（27）E 表示自然对数的底，由常数 e 指定；

（28）PI 表示圆的周长与其直径的比值，通过常数 n 指定。

4.5 参考文档

1. 值类型（C# 参考）

扫描右侧二维码，了解更多关于值类型的知识。

2. 运算符和表达式（C# 参考）

扫描右侧二维码，了解更多关于运算符和表达式的知识。

第 5 章　逻辑运算

5.1　实验目标

（1）通过实验加深对布尔类型变量、逻辑运算符概念的理解，学会使用逻辑运算符，并能正确判断出逻辑运算表达式的结果，能够熟练使用三元运算符。

（2）定义 int 类型变量 a、b，并分别赋值为 10、3；使用几种基本算术运算符（如 +、−、*、/、%）对变量 a、b 进行运算，利用 Console.WriteLine() 方法将表达式结果输出，从而加深对几种基本算术运算符的理解，注意隐式转换和显式转换两种数据类型转换方式以及 System.Convert 类的使用练习。

（3）将变量 a、b 分别应用递增运算符（++）的前缀、后缀方式，分析结果，验证知识点中二者的区别，从而加深理解。

（4）在控制台中输入员工的基本工资（150 ~ 350 元）、工龄工资（20 ~ 100 元）、福利性补贴（1190 元）、医疗补贴（20 ~ 225 元），使用三元运算符来判定员工的收入等级。

5.2　指导要点

（1）在复杂逻辑表达式中，需要注意运算符的优先级使用，逻辑非运算符的优先级高于逻辑与运算符，逻辑与运算符的优先级高于逻辑或运算符。运算符的优先级从高到低分别是：逻辑非运算符（!）→算术运算符→关系运算符→条件与运算符（&&）→条件或运算符（‖）→赋值运算符。

（2）逻辑运算符的使用需要特别注意变量的类型，注意 & 与 &&、| 与 ‖ 的使用区别，在进行布尔类型运算时尽可能地用 && 和 ‖ 运算符。

（3）提醒同学们注意一个常见的代码错误：知道 a>b 是 false，那么判断 a<b 为 true——这是错误的，因为还有个可能是 a=b。

（4）位运算符会在本书后面章节做详细介绍，但是实验练习中会涉及位和位运算符，需要提前为学生们做一些简单的介绍。

5.3　相关知识要点

5.3.1　布尔类型的概念

布尔类型只有两个值,false 和 true,通常用来判断条件是否成立。如果变量值为 0 就是 false,否则为 true。

5.3.2　布尔比较

布尔比较需要使用关系运算符,具体如表 5-1 所示。

表 5-1　关系运算符

符号	含义	运算结果类型	操作数个数	实例
>	大于	布尔型。如果条件成立,结果为 true,否则结果为 false	2	3>6,x>2,b>a
<	小于		2	3.14<3,x<y
>=	大于等于		2	3.26>=b
<=	小于等于		2	PI<=3.1416
==	等于		2	3= =2,x= =2
!=	不等于		2	x!=y,3!=2

5.3.3　逻辑运算符

逻辑运算符用于表示两个布尔值之间的逻辑关系,逻辑运算的结果是布尔类型。常用的逻辑运算符有逻辑非运算符(!)、逻辑与运算符(&)、逻辑或运算符(|)、逻辑异或运算符(^)、条件与运算符(&&)、条件或运算符(‖)。

1. 逻辑非 (逻辑 NOT) 运算符

逻辑非运算符(!)只能用于布尔型操作数,它是对操作数求非的一元运算符。当操作数为 false 时返回 true;当操作数为 true 时,返回 false。

2. 逻辑与 (逻辑 AND) 运算符

逻辑与运算符(&)可以用于布尔型数值,也可以用于整型数值。

(1)当操作数为布尔型数值时,如果 2 个操作数均为 true,结果返回 true,否则返回 false。

(2)当操作数为整型数值时,则进行位运算。例如,100 & 45 的结果为 36。

3. 逻辑或 (逻辑 OR) 运算符

逻辑或运算符(|)可以用于整型数值和布尔型数值。对于整型数值,逻辑或运算符对操作数进行按位"或"运算。对于布尔型数值,逻辑或运算符对操作数进行逻辑"或"运算。

（1）当操作数为布尔型数值时,如果 2 个操作数均为 false,结果返回 false,否则返回 true。

（2）当操作数为整型数值时,则进行位运算。例如,100 | 45 的结果为 109。

4. 逻辑异或 (逻辑 XOR) 运算符

逻辑异或运算符(^)可用于整型数值和布尔型数值。对于整型数值,逻辑异或运算符对操作数进行按位"异或"运算。对于布尔型数值,逻辑异或运算符对操作数进行逻辑"异或"运算。

（1）当操作数为布尔型数值时,如果 2 个操作数布尔值相同,结果返回 true,否则返回 false。

（2）当操作数为整型数值时,则进行位运算。例如,100 ^ 45 的结果为 73。

5. 条件与 (条件 AND) 运算符

条件与运算符(&&)只能用于布尔型数值。它与逻辑与运算符的功能完全一样,执行 2 个布尔型数值的逻辑"与"运算。

6. 条件或 (条件 OR) 运算符

条件或运算符(||)和条件与运算符一样,只能用于布尔型数值。它与逻辑或运算符的功能完全一样,执行 2 个布尔型数值的逻辑"或"运算。

7. && 与 & 的区别

&& 运算符与 & 运算符的区别在于, && 运算符不能对整型数值进行计算。另外,对于 x && y,如果 x 为 false,则不对 y 进行计算（因为不论 y 为何值,"与"操作的结果都为 false）。这被称为"短路"运算,也就是说使用 && 运算符进行条件运算,比使用 & 运算符速度更快。

8. || 与 | 的区别

|| 运算符与 | 运算符的区别在于, || 运算符不能对整型数值进行计算。另外,对于 x || y,如果 x 为 ture,则不对 y 进行计算（因为不论 y 为何值,"与"操作的结果都为 ture）。因此,使用 || 运算符进行条件运算,比使用 | 运算符速度更快。

9. 三元运算符

三元运算符(? :)也叫条件运算符,是软件编程中的一个固定格式:操作数 1? 操作数 2: 操作数 3。它表示进行条件运算时,首先判断操作数 1 的布尔值是 true 还是 false:如果为 true,则返回操作数 2 的值;如果为 false,则返回操作数 3 的值。

5.4　实验步骤

实验 5.1：逻辑运算符应用实验

1. 实验步骤

创建新的控制台应用程序，输入以下代码：

```csharp
using System;
using System.Collections.Generic;
using System.Linq;
using System.Text;
namespace Test
{
    class Program
    {
        static void Main()
        {
            Console.WriteLine(" 输入一个整数 a：");
            int a = Convert.ToInt32(Console.ReadLine());
            bool    islessthan100 = a < 100;
            bool    isbetween0and50 = (0 <= a) && (a <= 50);
            Console.WriteLine(" 整数 a 小于 100?{0}",islessthan100);
            Console.WriteLine(" 整数 a 在 0 与 50 之间?{0}",
isbetween0and50);
            Console.WriteLine(" 以上只有一个是真的?{0}",islessthan100 ^
isbetween0and50);
            Console.WriteLine(" 输入一个整数 b：");
            int b = Convert.ToInt32(Console.ReadLine());
            int c = a & b;
            int d = a | b;
            Console.WriteLine(" 整数 a&b 结果是?{0}",c);
            Console.WriteLine(" 整数 a|b 结果是?{0}",d);
            Console.WriteLine(" 按任意键结束...");
            Console.ReadKey();
        }
```

```
        }
    }
```
程序执行结果如图 5-1 所示。

图 5-1　逻辑运算符应用实验程序执行结果

2. 实验结果分析

（1）使用 Convert.ToInt32 从输入中读取数据并赋值给整数类型变量 a，无论输入是否为整数，通过 Convert.ToInt32 都可以将其强制转换为整数类型。

（2）布尔类型变量 islessthan100 与 isbetween0and50 的值都是 true，二者逻辑异或运算结果为 false。

（3）a 与 b 均为整数类型变量，二者进行 & 与 | 运算则将进行位运算。

实验 5.2：使用三元运算符判定员工收入等级

创建新的控制台应用程序，输入以下代码：

```
using System;
using System.Collections.Generic;
using System.Linq;
using System.Text;


namespace Test
{
    class Program
```

```csharp
    {
        static void Main()
        {
            Console.Write(" 输入基本工资 (150~350 元 ): ");
            decimal baseSalary = decimal.Parse(Console.ReadLine());
            Console.Write(" 输入工龄工资 (20~100 元 ): ");
            decimal seniorityWage = decimal.Parse(Console.ReadLine());
            Console.Write(" 输入福利性补贴 (1190 元 ): ");
            decimal welfare = decimal.Parse(Console.ReadLine());
            Console.Write(" 输入医疗补贴 (20~225 元 ): ");
            decimal medical = decimal.Parse(Console.ReadLine());
            decimal Wages = baseSalary + seniorityWage + welfare + medical;
            string   rating;
            rating = Wages > 1750 ? " 一级 " :(Wages > 1700 ? " 二级 ":(Wages
> 1650 ? " 三级 " :(Wages > 1550 ? " 四级 " :" 无级别 ")));
            Console.WriteLine(" 此职工工资 {0} 元, 工资级别是 {1}",Wages,
rating);
            Console.ReadLine();

            Console.WriteLine(" 按任意键结束...");
            Console.ReadKey();
        }
    }
}
```

程序执行结果如图 5-2 所示。

图 5-2 使用三元运算符判定员工收入等级程序执行结果

5.5 参考文档

扫描右侧二维码,了解更多关于特殊字符的知识。

第6章　流程控制

6.1　实验目标

（1）理解流程控制的概念，掌握分支和循环语句用法，学会使用 if else 语句、switch case 语句、for 循环语句、foreach 语句、do while 循环语句、while 循环语句等，理解分支嵌套、循环嵌套的概念，了解相关应用。

（2）使用 2 个操作数以及算术运算符，应用 if 语句编写程序，实现如图 6-1 所示实验结果。

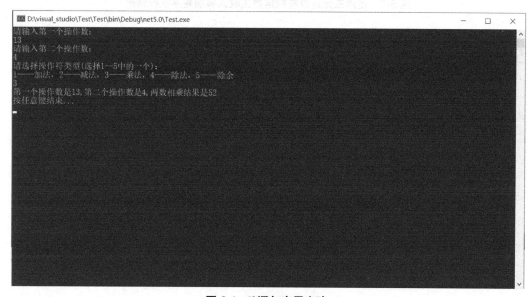

图 6-1　if 语句应用实验

（3）声明一个操作数，编写程序实现对操作数是奇数还是偶数的判断。

（4）使用 switch case 语句编写程序，实现如图 6-2 所示实验结果。

图 6-2　switch case 语句应用实验

（5）使用 do while 循环语句编写程序，实现输出数字 0 到 9。

（6）输入一个字符串，通过编程实现判断字符串中字母的个数、数字的个数、标点的个数。

（7）输入一个数，通过编程实现输出比这个数小的所有质数。

6.2　指导要点

（1）流程控制语句是程序编写过程中不可缺少的一部分，学生们在了解其概念的同时，需要不断练习，最终达到能够熟练使用的目的。

（2）提醒学生注意 if else 语句与 switch case 语句的区别，知道在什么情况下使用何种语句。

（3）提醒学生注意 while 语句和 do while 语句的区别，continue 与 break 的区别，以及 for 循环语句的三个注意事项。

（4）在练习中教会学生流程控制语句的嵌套使用。

6.3　相关知识要点

6.3.1　流程控制的概念

从理论上说，程序只能按照编写的顺序执行，中途不能发生任何变化。然而，实际生活中并非所有的事情都是按部就班地进行的，程序也是一样。为了实现功能，我们经常需要转移或者改变程序执行的顺序,实现这些功能的语句叫做流程控制语句。C# 提供了以下几种控制关键字。

（1）选择控制：if、else、switch、case。

（2）循环控制：while、do、for、foreach。

（3）跳转语句：break、continue。

（4）编译控制：#if、#elif、#else、#endif。

（5）异常处理：try、catch、finally。

6.3.2 分支的概念

分支是控制程序下一步执行哪行代码的过程,也叫选择控制。程序跳转到目标代码行的过程由条件语句来控制。条件语句通过逻辑运算判断程序变量是否满足条件决定执行结果。常见的条件语句有三元运算符、if 语句、switch 语句。

1.if else 语句

语法：

if(< 条件 >)

{< 语句块 >}

else

{< 语句块 >}。

条件只能是布尔类型的值。

在 if else 基础上 if 语句有两种扩展使用方式：①单独使用 if(< 条件 >){< 语句块 >},不使用 else；②在 if 后还可以使用 else if(< 条件 >){< 语句块 >},进行其他条件选择。

2. switch case 语句

多分支选择语句,用来实现多分支选择结构,适用于从一组互斥的分支中选择一个来执行。

与 if 语句相似,但 switch 语句可以一次将变量与多个值进行比较。switch 关键字后面跟一组 case 子句,如果 switch 表达式中的值与某一个 case 后面的常量表达式的值相等,就执行 case 子句中的代码。执行完成后用 break 关键字跳出 switch 语句。case 后的值必须是常量表达式,不允许使用变量。

也可以在 switch 语句中包含一个 default 关键字,当 switch 表达式的值与所有 case 中的常量表达式的值都不相等时,程序执行 default 子句中的代码。default 子句是非必需的,一个 switch 语句中只能有一个 default 子句。

case 子句的顺序无关紧要, default 子句也可以写在最前面,任何两个 case 常量表达式的值不能相同。

switch case 语句需要注意以下事项：

（1）switch 表达式的值和 case 常量表达式的值的类型可以是 int、字符或字符串；

（2）C# 不允许从一个 case 语句块继续执行到另一个 case 语句块；

（3）每个 case 语句块必须以一个跳转控制语句 break、goto 或 return 结束，多个 case 语句可以跳转至同一个代码块。

3. 循环结构及其类型

循环结构用于对一组命令执行一定的次数或反复执行一组命令，直到判断条件为 true。循环结构类型有：while 循环、do 循环、for 循环、foreach 循环，其中条件只能是布尔类型的值。

1）while 循环

while 循环反复执行指定的语句，直到指定的条件为 true。

语法：

while（条件）

{ // 语句 }；

break 关键字可用于退出循环，continue 关键字可用于跳过当前循环并开始下一循环。

2）do while 循环

do while 循环与 while 循环类似，二者的区别在于 do while 循环中即使条件为 false 时也至少执行一次该循环体中的语句。

语法：

do

{ // 语句 }

while（条件）

3）for 循环

for 循环要求只有在对特定条件进行判断后才允许执行循环，这种循环用于将某个语句或语句块重复执行预定次数的情形 。

语法：

for（初始值；条件；增 / 减）

{ // 语句 }

使用 for 循环应注意循环语句中不能对循环变量进行改变，还要注意循环边界，避免出现死循环。

4）foreach 循环

foreach 循环用于遍历整个集合或数组。

语法：

foreach（数据类型 元素（变量）in 集合或者数组）

{// 语句 }

5)breake 和 continue

break 关键字使程序跳出它所在的 switch、while、do while 或 for 语句块。当多个 switch、while、do while 和 for 语句彼此嵌套时,break 关键字只应用于最里层的语句。

在 while、do while 和 for 语句中, continue 关键字用于使程序跳出当前循环,进入下一次循环。

6)goto 语句

goto 语句可以无条件地使程序跳转到其他程序段。需要注意的是, goto 语句一定不能跳进循环内。但是一般不建议使用 goto 语句,因为滥用 goto 语句会使得程序无结构性、代码可读性差。

6.4 实验步骤和相关代码

实验 6.4:if 语句应用实验(1)

1. 实验步骤

创建新的控制台应用程序,应用 if 语句实现算术运算符的选择,输入以下代码:

```
using System;
using System.Collections.Generic;
using System.Linq;
using System.Text;

namespace Test
{
    class Program
    {
        static void Main()
        {
            //定义三个整数变量,分别存放第一个操作数、第二个操作数和计算结果
            int firstNum, secondNum,result;
            //定义一个标识符,存放选择的操作运算符类型,1——加法,2——减 // 法,3——乘法,4——除法,5——除余
            int ChoiceType;
            Console.WriteLine(" 请输入第一个操作数:");
```

```
            firstNum =Convert.ToInt32(Console.ReadLine());
            Console.WriteLine(" 请输入第二个操作数 : ");
            secondNum = Convert.ToInt32(Console.ReadLine());
            Console.WriteLine(" 请选择操作符类型 ( 选择 1~5 中的一个 ): ");
            Console.WriteLine("1——加法 , 2——减法 , 3——乘法 , 4——除法 ,
5——除余 ");
            ChoiceType = int.Parse(Console.ReadLine());
            if (ChoiceType > 5 || ChoiceType < 1)
            {
                Console.WriteLine(" 选择的操作符不对 , 请重新选择 ");

            }
            if (ChoiceType == 1)
            {
                result = firstNum + secondNum;
                Console.WriteLine(" 第一个操作数是 {0}, 第二个操作数是
{1}, 两数相加结果是 {2}", firstNum, secondNum, result);
            }
            if (ChoiceType == 2)
            {
                result = firstNum - secondNum;
                Console.WriteLine(" 第一个操作数是 {0}, 第二个操作数是
{1}, 两数相减结果是 {2}", firstNum, secondNum, result);
            }
            if (ChoiceType == 3)
            {
                result = firstNum *secondNum;
                Console.WriteLine(" 第一个操作数是 {0}, 第二个操作数是
{1}, 两数相乘结果是 {2}", firstNum, secondNum, result);
            }
            if (ChoiceType == 4)
            {
                if (secondNum == 0)
                {
```

```
                    Console.WriteLine(" 除数为 0, 不能进行计算！");
                }
                else
                {
                    result = firstNum / secondNum;
                    Console.WriteLine(" 第一个操作数是 {0}, 第二个操作数
是 {1}, 两数相除结果是 {2}", firstNum, secondNum, result);
                }
            }
            if (ChoiceType == 5)
            {

                if (secondNum == 0)
                {
                Console.WriteLine(" 除数为 0, 不能进行计算！");
                }
                else
                {
                    result = firstNum%secondNum;
                    Console.WriteLine(" 第一个操作数是 {0}, 第二个操作数
是 {1}, 取余结果是 {2}", firstNum, secondNum, result);
                }
            }

                Console.WriteLine(" 按任意键结束...");
                Console.ReadKey();
            }
        }
    }
```

程序执行结果如图 6-3 所示。

图 6-3　if 语句应用实验（1）程序执行结果

2. 实验结果分析

第一步,定义三个整数类型变量 firstNum、secondNum、result,分别存放第一个操作数、第二个操作数和计算结果。

第二步,定义一个标识符 ChoiceType,存放输入的操作运算符类型对应的值,"1"为加法,"2"为减法,"3"为乘法,"4"为除法,"5"为除余。

第三步,使用控制台输入第一个操作数并赋值给 firstNum,输入第二个操作数并赋值给 secondNum,输入操作运算符类型对应的值并赋值给 ChoiceType,注意需要使用数据类型转换函数将输入的非 int 类型的操作数转换为 int 类型。Convert.ToInt32(string) 方法与 Int.Parse 的区别在于, Convert.ToInt32(string) 方法遇到输入为空时会返回 0,而 Int.Parse 则会抛出异常。

第四步,使用 if 语句根据 ChoiceType 进行判断,执行相应的算术运算语句。当进行相除和取余运算时,需要在 if 语句中嵌套新的 if 语句,排除除数为 0 的情况。

实验 6.2:if 语句应用实验（2）

创建新的控制台应用程序,使用 if 语句判断输入数值是奇数还是偶数,输入以下代码:

```
using System;
using System.Collections.Generic;
using System.Linq;
using System.Text;
```

```csharp
namespace ConsoleApplication1
{
    class Program
    {
        static void Main(string[] args)
        {
            //1 输入一个数,判断是奇数还是偶数
            Console.Write(" 请输入一个整数:");
            string num1;
            num1 = Console.ReadLine();
            int dot = num1.IndexOf(".");
            if (dot == -1)
            {
                int intNum1 = Convert.ToInt32(num1);

                if (intNum1 % 2 == 0)
                {
                    Console.WriteLine(" 您输入的数是偶数 ");
                }
                else
                {
                    Console.WriteLine(" 您输入的数是奇数 ");
                }
                Console.WriteLine("");
            }
            else
            {
                Console.WriteLine(" 输入错误！ ");
                Console.WriteLine("");
            }
            Console.WriteLine(" 按任意键结束...");
            Console.ReadKey();
        }
    }
```

```
        }
```

程序执行结果如图 6-4 所示。

图 6-4　if 语句应用实验(2)程序执行结果

实验 6.3：switch case 语句应用实验

创建新的控制台应用程序,使用 switch case 语句输出选择的时间,输入以下代码:

```csharp
using System;
using System.Collections.Generic;
using System.Linq;
using System.Text;

namespace Test
{
    class Program
    {
        static void Main()
        {

            Console.WriteLine("***********Time*********");
            Console.WriteLine("\t1、morning");
            Console.WriteLine("\t2、afternoon");
            Console.WriteLine("\t3、night");
```

```
Console.Write (" 请选择时间 : ");
string time = Console.ReadLine();
switch (time)
{
    case "1":
        Console.WriteLine("Good morning!");
        break;
    case "2":
        Console.WriteLine("Good afternoon!");
        break;
    case "3":
        Console.WriteLine("Good night!");
        break;
    default:
        Console.WriteLine("Selection error!");
        break;
}
Console.ReadKey();


        }
    }
}
```

程序执行结果如图 6-5 所示。

图 6-5　switch case 语句应用实验程序执行结果

实验 6.4：do while 循环语句应用实验

创建新的控制台应用程序，使用 do while 循环语句输出数字 0 到 9，输入以下代码：

```
using System;
using System.Collections.Generic;
using System.Linq;
using System.Text;

namespace Test
{
    class Program
    {
        static void Main()
        {

            int i = 0;
            do
            {
                Console.WriteLine(i);
                i++;
```

```
            } while (i < 10);// 这个 while 条件后面的分号是必须的。
            Console.WriteLine(" 按任意键结束...");
            Console.ReadKey();
        }
    }
}
```

程序执行结果如图 6-6 所示。

图 6-6   do while 循环语句应用实验程序执行结果

实验 6.5：foreach 语句应用实验

1. 实验步骤

创建新的控制台应用程序，使用 foreach 语句判断字符串的字母的个数、数字的个数以及标点符号的个数，输入以下代码：

```
using System;
using System.Collections.Generic;
using System.Linq;
using System.Text;

namespace Test
{
    class Program
    {
```

```
static void Main()
{

    // 存放字母的个数
    int Letters = 0;
    // 存放数字的个数
    int Digits = 0;
    // 存放标点符号的个数
    int Punctuations = 0;
    // 用户提供的输入
    string instr;
    Console.WriteLine(" 请输入一个字符串 ");
    instr = Console.ReadLine();

    // 声明 foreach 循环以遍历输入的字符串中的每个字符。
    foreach (char ch in instr)
    {
        // 检查字母
        if (char.IsLetter(ch))
            Letters++;
        // 检查数字
        if (char.IsDigit(ch))
            Digits++;
        // 检查标点符号
        if (char.IsPunctuation(ch))
            Punctuations++;
    }
    Console.WriteLine(" 字母个数为：{0}", Letters);
    Console.WriteLine(" 数字个数为：{0}", Digits);
    Console.WriteLine(" 标点符号个数为：{0}", Punctuations);
    Console.ReadKey();

}
}
```

```
        }
```

程序执行结果如图 6-7 所示。

图 6-7   foreach 语句应用实验程序执行结果

2. 实验结果分析

第一步, 定义三个变量分别用来存放字母个数、数字个数、标点符号个数, 赋初始值为 0。

第二步, 使用 foreach 语句遍历字符串 instr 中的每一个字符, 对字符使用 Char 类中的 IsLetter() 方法来判断是否为字母, 如果为字母则 Letters = Letters+1, 最终获得字母个数。

计算数字与标点符号个数的方法与字母相似。

实验 6.6: for 循环语句应用实验

创建新的控制台应用程序, 使用 for 循环语句输出比参数小的所有质数, 输入以下代码:

```csharp
using System;

using System.Collections.Generic;

using System.Linq;

using System.Text;


namespace Test

{

    class Program
```

```
    {
        static void Main()
        {

            while (true)
            {
                Console.Write(" 请输入一个数:");
                string str = Console.ReadLine();
                Console.WriteLine("");
                try
                {
                    int num3 = Convert.ToInt32(str);
                    if (num3 >= 2)
                    {
                        Console.Write(" 所有比这个数小的质数有:");
                        int sum = 0;
                        for (int i = 2; i <= num3; i++)
                        {
                            int flag = 0;
                            for (int j = 2; j < i; j++)
                            {
                                if (i % j == 0)
                                {
                                    flag = 1;
                                    break;
                                }
                            }
                            if (flag == 0)
                            {
                                Console.Write(i + " ");
                                sum++;
                            }
                        }
                        Console.WriteLine(" 总共 " + sum + " 个。");
```

```
                }
                else
                {
                        Console.WriteLine(" 不存在比 " + str + " 小的质数，
请重新输入。");
                }
                Console.WriteLine("");
            }
            catch (Exception)
            {
                Console.WriteLine("");
                Console.WriteLine(" 输入有误，请重新输入！ ");
                Console.WriteLine("");
            }
        }
    }
}
```

程序执行结果如图 6-8 所示。

图 6-8　for 循环语句应用实验程序执行结果

6.5　参考文档

扫描右侧二维码,了解更多关于迭代语句的知识。

第 7 章　输出三角形

7.1　实验目标

（1）通过练习三角形的输出,熟练掌握各种循环语句的使用,并掌握简单流程图的画法。

（2）提示用户输入一个整数 N,通过编程实现输出一个由 N 行星组成的直角三角形,并且三角形每行星的数量与星所在行的行数相等。

（3）在（2）基础上,通过编程实现输出一个由 N 行星组成的等腰三角形,三角形每行星的数量与星所在行的行数相等并且以中间列为轴对称。

（4）在（3）的基础上,通过编程实现输出一个菱形,菱形的行数为 $2N-1$。例如 N 为 3 的情况下,菱形各行星的数量为 1,3,5,3,1。

（5）在（4）的基础上,通过编程实现输出一个空心的菱形。

7.2　指导要点

（1）实验的难度是循序渐进的,要求学生按顺序完成。

（2）由于还没有讲解函数,所以处理某些字符串的时候可能会比较烦琐,可以在学生完成后,由教师演示如何用函数简化程序,提前引入后面的教学内容。

（3）由于学生编程经验不足,所以尤其要强调编程规范,比如注释的编写、命名规则等。

（4）学生最容易出错的地方就是循环边界,要提示学生有足够的耐心,进行细致的思考。

（5）for 循环语句和 while 循环语句是可以互换的,在学生完成代码编写后可以要求学生使用另一种语句再次编写程序代码。

（6）检查输入参数正确性是一个程序必须的步骤,本段程序使用了 TryParse 函数,这一函数建议同学们查询资料,自学它的意义和用法。

7.3　相关知识要点

（1）结构化程序设计中,一般包括三种结构:顺序结构、分枝结构(if 语句、switch 语

句)、循环结构(for 循环语句、while 循环语句)。

（2）goto 语句会破坏结构化, 在 C# 语言编程过程中要避免使用。

（3）一般要求一个程序模块只有一个入口和一个出口,要尽可能满足这一要求。

7.4　实验步骤和相关代码

实验 7.1：直角三角形的输出实验

创建新的控制台应用程序,输入以下代码:

```
using System;
using System.Collections.Generic;
using System.Linq;
using System.Text;

namespace Triangle01
{
    class Program
    {
        /// <summary>
        /// 输出一个直角三角形
        /// </summary>
        /// <param name="args"></param>
        static void Main(string[] args)
        {
            // 初始化行数为 -1
            int intN = -1;

            while (intN < 0)
            {
                Console.Write(" 请输入行数 (0 表示结束 ):");
                string strN = Console.ReadLine();
                // 将输入的 strN 转换成 int
                int.TryParse(strN, out intN);
            }
            if (intN > 0)    // 输入正常
```

```
            {
                for (int i = 1; i <= intN; i++)
                {
                    for (int j = 1; j < i; j++)
                    {
                        Console.Write("*");
                    }
                    Console.WriteLine("");
                }
                // 提示程序结束
                Console.WriteLine(" 按任意键结束...");
                Console.ReadKey();
            }
        }
    }
```

程序执行结果如图 7-1 所示。

图 7-1　直角三角形的输出实验程序执行结果

实验 7.2：等腰三角形的输出实验

1. 实验分析

这一实验的难点在于每行的前导空格数量的计算。应该不难得出结论，第 i 行的前

导空格为 $N-i$ 个。

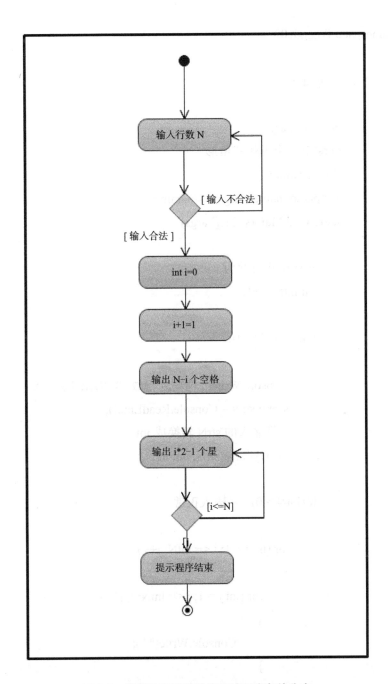

图 7-2　等腰三角形的输出实验程序条件分支

2. 实验步骤

创建新的控制台应用程序,输入以下代码:

```csharp
using System;

namespace Triangle02
{
    class Program
    {
        /// <summary>
        /// 输出一个等腰三角形
        /// </summary>
        /// <param name="args"></param>
        static void Main(string[] args)
        {
            // 初始化行数为 -1
            int intN = -1;

            while (intN < 0)
            {
                Console.Write(" 请输入行数 (0 表示结束 ):");
                string strN = Console.ReadLine();
                // 将输入的 strN 转换成 int
                int.TryParse(strN, out intN);
            }
            if (intN > 0)    // 输入正常
            {
                for (int i = 1; i <= intN; i++)
                {
                    for (int j = 1; j <= intN-i; j++)
                    {
                        Console.Write(" ");
                    }
                    for (int j = 1; j < 2*i; j++)
                    {
                        Console.Write("*");
                    }
```

```
                Console.WriteLine("");
            }
        }
        // 提示程序结束
        Console.WriteLine(" 按任意键结束...");
        Console.ReadKey();
    }
  }
}
```

程序执行结果如图 7-3 所示。

图 7-3　等腰三角形的输出实验程序执行结果

实验 7.3：菱形的输出实验

学会等腰三角形后,菱形就不困难了。关键是要理解 for 循环语句不仅可以从小到大循环,还可以从大到小循环。

创建新的控制台应用程序,输入以下代码:

```
using System;

namespace Triangle03
{
    class Program
    {
```

```csharp
/// <summary>
/// 输出一个菱形
/// </summary>
/// <param name="args"></param>
static void Main(string[] args)
{
    // 初始化行数为 -1
    int intN = -1;

    while (intN < 0)
    {
        Console.Write(" 请输入行数 (0 表示结束 ):");
        string strN = Console.ReadLine();
        // 将输入的 strN 转换成 int
        int.TryParse(strN, out intN);
    }
    if (intN > 0)    // 输入正常
    {
        for (int i = 1; i <= intN; i++)
        {
            for (int j = 1; j <= intN-i; j++)
            {
                Console.Write(" ");
            }
            for (int j = 1; j < 2*i; j++)
            {
                Console.Write("*");
            }
            Console.WriteLine("");
        }
        // 形成菱形的下半部分
        for (int i = intN-1; i >= 1; i--)
        {
            for (int j = 1; j <= intN - i; j++)
```

```
            {
                Console.Write(" ");
            }
            for (int j = 1; j < 2 * i; j++)
            {
                Console.Write("*");
            }
            Console.WriteLine("");


        }
    }
    // 提示程序结束
    Console.WriteLine(" 按任意键结束...");
    Console.ReadKey();
        }
    }
}
```

程序执行结果如图 7-4 所示。

图 7-4　菱形的输出实验程序执行结果

实验 7.4：空心菱形的输出实验

1. 实验分析

实验 7.3 完成后，下面的问题就是如何将每一行的中间的星变成空格，要计算出中间空格的数量：除第一行外，其他各行的空格数量为 N*2-3 个。

2. 实验步骤

创建新的控制台应用程序，输入以下代码：

```csharp
using System;
using System.Collections.Generic;
using System.Linq;
using System.Text;

namespace Triangle04
{
    class Program
    {
        /// <summary>
        /// 输出一个空心菱形
        /// </summary>
        /// <param name="args"></param>
        static void Main(string[] args)
        {
            // 初始化行数为 -1
            int intN = -1;

            while (intN < 0)
            {
                Console.Write(" 请输入行数 (0 表示结束 ):");
                string strN = Console.ReadLine();
                // 将输入的 strN 转换成 int
                int.TryParse(strN, out intN);
            }
            if (intN > 0)    // 输入正常
            {
                for (int i = 1; i <= intN; i++)
```

```
{
    for (int j = 1; j <= intN - i; j++)
    {
        Console.Write(" ");
    }
    if (i == 1)
        Console.WriteLine("*");
    else
    {

        Console.Write("*");
        for (int j = 1; j <= 2 * i-3; j++)
        {
            Console.Write(" ");
        }
        Console.WriteLine("*");
    }
}
// 形成菱形的下半部分
for (int i = intN - 1; i >= 1; i--)
{
    for (int j = 1; j <= intN - i; j++)
    {
        Console.Write(" ");
    }
    if (i == 1)
        Console.WriteLine("*");
    else
    {

        Console.Write("*");
        for (int j = 1; j <= 2 * i - 3; j++)
        {
            Console.Write(" ");
```

```
                                }
                                Console.WriteLine("*");
                            }
                        }
                    }
                    // 提示程序结束
                    Console.WriteLine(" 按任意键结束...");
                    Console.ReadKey();
                }
            }
        }
```

程序执行结果如图 7-5 所示。

图 7-5   空心菱形的输出实验程序执行结果

3. 程序优化提示

受所学知识的限制，这几段代码都不是最优的，作为程序控制语句的练习实验没有问题，但可以进一步优化，比如使用 string 的构造函数：

```
string st = new string('*', 10);
```

这一段代码就可以直接产生一个长度为 10 的星所构成的字符串。

7.5　参考文档

扫描右侧二维码,了解更多关于字符串的知识。

第 8 章　类型变换

8.1　实验目标

（1）熟悉常用的变量类型转换方式。

（2）利用 C# 语言编程，尝试实现多种类型变量之间的显式、隐式类型转换。

（3）尝试使用 Int32.Parse（ ）与 Int32.TryParse（ ）方法实现类型转换。

8.2　指导要点

（1）了解类型转换的实际需要。

（2）掌握常用变量之间的类型转换方式与编码。

（3）本次实验不涉及自定义类及其子类、派生类、接口类之间的类型转换。

8.3　相关知识要点

8.3.1　变量类型转换的意义及用途

变量，究其本身的功能来说，主要存储并表示数据。客观事物的属性经过抽象，可以以变量的形式被计算机理解并使用。同一个数据，如 10 240 米在客观世界中表示一段距离，经过抽象可以由一个 int 型变量表示并存储。同时，在另一个系统或者程序中，需要使用该数据，但是这里的数据规范变成了以 km 为单位进行计量，保留两位小数。这个时候就需要使用类型转换的功能，将这个内容为"10240"的 int 型变量中的数据提取出来，放到一个 double 型或 float 型变量中去。这种将数据从一种类型的变量中取出并存入另一种类型的变量的过程，就叫做变量的类型转换。

在实际应用中，这种需求大量存在。比如在企业数据仓库、ERP 系统中，由于各部分数据标准的不同，我们在使用数据时需要进行规范化处理，其中很重要的一个环节就是统一数据类型。

8.3.2　隐式转换与显式转换

1. 隐式转换

隐式转换是框架中允许的、不需要特别声明就可以进行的类型转换。这种类型转换方式不需要特别指定转换类型,将由编译器自动识别并完成。隐式转换主要针对数值类型(整形、浮点型、字符型)的变量。一般情况下,从低精度数据类型(小容量)到高精度数据类型(大容量)的转换(比如从 int 型转换为 long 型变量)是可以直接进行隐式转换的。隐式数值转换具体包括以下几类:

(1)从 sbyte 类型转换到 short,int,long,float,double,decimal 类型。

(2)从 byte 类型转换到 short,ushort,int,uint,long,ulong,float,double,decimal 类型。

(3)从 short 类型转换到 int,long,float,double,decimal 类型。

(4)从 ushort 类型转换到 int,uint,long,ulong,float,double,decimal 类型。

(5)从 int 类型转换到 long,float,double,decimal 类型。

(6)从 uint 类型转换到 long,ulong,float,double,decimal 类型。

(7)从 long,ulong 类型转换到 float,double,decimal 类型。

(8)从 char 类型转换到 ushort,int,uint,long,ulong,float,double,decimal 类型。

(9)从 float 类型转换到 double 类型。

从 int 与 long 类型到 float 类型的隐式转换与从 long 类型到 double 类型的隐式转换,可能会导致数据精度下降。不存在从其他数值类型到 char 类型的隐式转换,但可以通过其他方式实现。

2. 显式转换

显式转换,也叫做强制类型转换,需要特别指定转换类型。一般情况下,所有的隐式转换都可写作显式转换的形式,通过显式转换实现。

上文中详细罗列了隐式转换的内容,对于其他情况下的所有类型转换,均可尝试使用显式方式,需要注意的有以下几点。

(1)从浮点型到整型的类型转换,将自动四舍五入到整数。

(2)从高精度浮点型到低精度浮点型的转换中,若原始值过小(位数过低),转换结果为 0;若原始值过大,转换结果可能为正无穷或负无穷。同时,这种转换还可能丢失精度。

显式转换可能导致多种错误,具体内容如下。

(1)从高精度整型到低精度整型转换时,若数值超出了低精度整型的界限,便会发生溢出错误。

(2)从浮点型到整型的转换中,若数值超出了整型的界限,便会发生溢出错误。

(3)浮点型到 decimal 类型的转换中,若原始值太大,可能抛出 InvalidCastException

异常。

隐式转换与显式转换具体应用形式如下：

```
// 将 int 型变量 a 隐式转换为 long 型变量 b
int a = 1;
long b = a;
// 将 long 型变量 b 显式转换为 int 型变量 c
int c = (int)b;
```

8.3.3　Convert 类与 Converter 泛型委托简介

Convert 类用于将一个基本数据类型转换为另一个基本数据类型，支持的基本类型有 Boolean，Char，Sbyte，Byte，Int16，Int32，Int64，UInt16，UInt32，UInt64，Single，Double，Decimal，DateTime 和 String。Convert 类提供对以上每个基本类型到其他每个基本类型的转换方法，除了 Char 类型与浮点型的转换及 DateTime 与 String 以外的类型的转换。其用法如下：

```
// 将 float 型变量 a 转换为 int 型变量 b
float a = 1.01f;
int b = Convert.ToInt32(a);
```

Converter 泛型委托常用于自定义类之间的类型转换，具体应用将在之后的面相对象部分中学习到。

8.3.4　Parse 与 TryParse 方法

在类型转换的工作中，最常进行的一类便是将字符串类型转换为 int 型整数变量或 double 型浮点数变量。.NET Framework 框架中 Int32 类、Double 类等常用变量辅助类为我们提供了将 string 类型的变量转换为相应变量的方法，使用 Parse() 方法的方式如下：

```
// 将 string 型变量 a 转换为 int 型变量 b
string a = "1024.0";
int b = Int32.Parse(a);
// 将 string 型变量 a 转换为 double 型变量 c
double c = Int32.Parse(a);
```

在原字符串并不能转换为相应类型时，采用 Parse() 方法可能会导致错误，如原字符串内容为 "hello" 时。此时应采用 TryParse() 方法：

```
// 将 string 型变量 a 转换为 int 型变量 c
string a = "1024.0";
int c;
```

```
bool b = Int32.TryParse(a,out c);
```

当转换成功时，bool 型变量 b 将被赋值为 true，将转换结果保存在 int 型变量 c 中；若转换不成功，b 将被赋值为 false，不对 c 进行操作。

8.4 实验步骤

实验 8.1：利用隐式转换方式进行类型转换

下面的实验，请尝试用隐式转换方式实现从 int 型到 long 型、从 float 型到 double 型的类型转换。

参考代码如下：

```
// 将 int 型变量 a 转换为 long 型变量 b
    int a = 1;
    long b = a;
// 将 float 型变量 c 转换为 double 型变量 d
    float c = 1f;
    double d = c;
```

程序执行结果如图 8-1 所示。

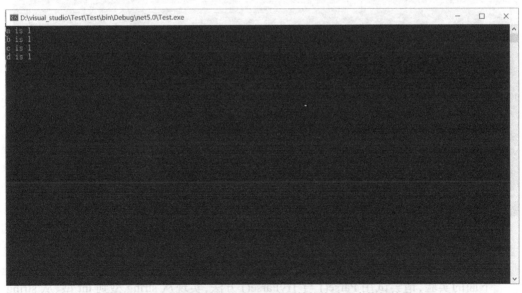

图 8-1 利用隐式转换方式进行类型转换实验程序执行结果

实验 8.2：利用显式转换方式进行类型转换

在实际编码中，C#提供了便捷的显式转换方式，在实验代码中就可以看到。

下面的实验，请尝试用显式转换方式，实现从 long 型到 int 型、从 double 型到 float

型、从 int 型到 string 型、从 DateTime 型到 string 型的类型转换。

参考代码如下：

```
// 将 long 型变量 a 转换为 int 型变量 b
long a = 1;
int b = (int)a;
// 将 double 型变量 c 转换为 float 型变量 d
double c = 1d;
float d = (float)c;
// 将 int 型变量 b 转换为 string 型变量 e
string e = b.ToString();
// 将 DateTime 型变量 dt 转换为 string 型变量 f
DateTime dt = new DateTime(2015,3,15);
string f = dt.ToString();
```

程序执行结果如图 8-2 所示。

图 8-2　利用显式转换方式进行类型转换实验程序执行结果

实验 8.3: 使用 Parse() 与 TryParse() 方法进行类型转换

下面的实验，请尝试用 Parse() 与 TryParse() 方法，实现从 string 型到 int 型、从 string 型到 double 型的类型转换。

参考代码如下：

```
// 将 string 型变量 a 转换为 int 型变量 b
string a = "1024.0";
```

```
int b = Int32.Parse(a);
// 将 string 型变量 a 转换为 double 型变量 c
double c = Int32.Parse(a);
// 将 string 型变量 c 转换为 int 型变量 d
string c = "1024.0";
int d;
bool e = Int32.TryParse(c,out d);
```

程序执行结果如图 8-3 所示。

图 8-3　使用 Parse() 与 TryParse() 方法进行类型转换实验程序执行结果

实验 8.4: 使用 Converter 类的方法进行类型转换

下面的实验，请尝试用 Convert 类的相关方法，实现从 string 型到 int 型、从 string 型到 double 型的类型转换。

参考代码如下：

```
// 将 string 型变量 a 转换为 int 型变量 b
string a = "1014";
int b = Convert.ToInt32(a);
// 将 string 型变量 c 转换为 double 型变量 d
string c = "12.9801";
double d = Convert.ToDouble(c);
```

程序执行结果如图 8-4 所示。

```
D:\visual_studio\Test\Test\bin\Debug\net5.0\Test.exe                    —    □    ×
a is 1014
b is 1014
c is 12.9801
d is 12.9801
```

图 8-4   使用 Converter 类的方法进行类型转换实验程序执行结果

8.5   参考文档

1.Converter 泛型委托

扫描右侧二维码,了解更多关于 Converter 泛型委托的知识。

2.Int32 方法

扫描右侧二维码,了解更多关于 Int32 方法的知识。

第 9 章　数组与集合

9.1　实验目标

（1）理解使用数组的必要性。

（2）学习利用 C# 语言声明并使用数组。

（3）了解 List、Queue、Stack 的使用方法。

9.2　指导要点

（1）注意数组的下标，形成防止数组超界的意识。

（2）区分栈与队列，了解其使用方法。

（3）尝试利用 for 循环与 foreach 遍历数组。

（4）理解二维数组的概念，并进一步理解多维数组。

（5）C# 语言定义数组的下标从 0 开始计算，故数组的第一个元素对应下标为 0。

9.3　相关知识要点

9.3.1　数组

在之前的教学内容中，我们已经学习了变量的使用。这些变量通过声明与赋值，能够抽象表示客观事物的属性，以便参与程序的逻辑计算。细心的同学可能已经发现，这种存储方式有一个弊端：对于每个需要存储的客观属性，都需要单独声明一个新的变量。这将导致复杂程序逻辑的可实现性非常低。

举个例子来说，编写一个程序，功能是排序并分析全校同学的学号。要实现这个功能，需要将全校同学的学号声明成变量。那么按照之前学习的变量知识，我们就需要按照如下方式声明（以后我们会学习到，上述功能有更好的实现方式）：

```
string StuNumber1 = "3012209001";
string StuNumber2 = "3012209002";
string StuNumber3 = "3012209003";
……
```

此时可以发现,这种做法是不实际的。因此,为了解决上述问题,绝大多数编程语言都提供了"数组"这一解决方案。

数组用于保存多个同一类型的变量、结构或实体的数据结构。在 C# 语言中,一般通过指定数组基础元素的类型声明数组。注意,定义数组时需要指定数组的大小。具体举例如下:

```
// 声明一个数组
int[] array1;
// 定义该数组长度为 5
array1 = new int[10];
// 对该数组的第一个元素赋值的数据为 5
array1[0] = 5;
// 声明并定义一个长度为 5(能够存储 5 个对应变量)的数组
int[] array2 = new int[5];
// 声明并定义一个长度为 4 的数组,并初始化其中的数据为 0,1,2,3
int[] array3 = { 0, 1, 2, 3 };
// 调用并显示数组 array1 的第一个元素
Console.WriteLine(array1[0]);
// 调用并显示数组 array2 的第一个元素
// 该数组并未编码赋值,将由编译器自动赋值。这种做法可能导致 // 错误。
// 一般规范下,变量与数组使用前先均应初始化(赋值)
Console.WriteLine(array2[0]);
// 调用并显示数组 array3 的第三个元素
Console.WriteLine(array3[2]);
```

以上举例为一维数组,它的表示逻辑是线性的。然而有时我们需要表示的逻辑是非线性的,比如矩阵的存储。于是多维数组应运而生,其中最常使用的是二维数组。由于随着维度的增加,数组的大小呈指数增长,故三维及以上的数组不常使用。需要时往往会寻求通过其他的数据结构来实现。

下面将重点了解二维数组的使用。二维数组可以理解为数组的数组,也可以理解为一个矩阵。为了方便叙述与理解,下面的例子中用长、宽来描述。

```
// 声明并定义一个二维数组,4 列 5 行,共计能够存储 20 个变量
int[,] array4 = new int[4, 5];
// 声明并定义一个二维数组,2 列 3 行,并初始化其中的数据为第一列 1、2、3,第
二列 3、4、5
int[,] array5 = { { 1, 2, 3 }, { 3, 4, 5 } };
```

// 声明并定义一个二维数组，指定其为 6 列，并不指定每行长度

//int[,] 与 int[][] 两种表示方式均可

//int[][] 的表示更倾向于被理解为数组的数组而非矩阵

int[][] array6 = new int[6][];

//int[][] 的表示可以对每个成员数组（每一列）单独虚拟化

array6[0] = new int[4];

// 声明并定义 array6 数组的第二列，定义其长度为 5，初始化其内容为 1,2,3,4,5

array6[2] = new int[5] { 1, 2, 3, 4, 5 };

// 调用并显示 array5 的第 2 列第 2 行

Console.WriteLine(array5[1,1]);

// 调用并显示 array6 中第 2 个数组的第 2 个元素

Console.WriteLine(array6[1][1]);

9.3.2　集合

除了数组，.net 框架还提供了一些能够处理类似问题的专用类。这些类的相关功能，可以实现对堆栈、队列、列表和哈希表的支持。

这里主要介绍 List 集合类的使用。与数组不同，该类可以动态改变容量的大小。与数学上的集合不同，它能够接受 null 作为引用类型的有效值，并且允许存在重复元素。该类也提供了一些常用功能接口，如比较、排序等。

List 集合类的具体使用方法将在实验过程中做介绍。

9.3.3　堆栈与队列

堆栈与队列是最为基础的两种数据结构，是两类运算受限的线性表，下面来简单的认识一下它们。

堆栈，也称为栈，其限制是仅允许在栈顶进行插入和删除运算。向栈中插入元素称为进栈，该操作将新元素放到栈顶元素上，使之成为新的栈顶元素。相应地，出栈操作是将栈顶元素取出并删除，使下一个元素成为栈顶元素。

队列，其限制是只允许在队尾进行插入运算，在队首进行删除运算。向队列中插入元素称为入队，该操作将新元素置于队尾。相应地，出队操作是将队首元素取出并删除，使下一个元素称为队首元素。

栈与队列的基本操作包括初始化、清空、加入数据、取数据、取数据并删除等。

简单来说，栈是"先进后出，后进先出"，队列是"先进先出，后进后出"。

C# 为支持这两种数据结构提供了专门的类，在后续的实验中将进行介绍。

需要注意的是，堆与堆栈是两种不同的数据结构，堆是一种类似于树的结构，用在堆

排序等算法中。

9.4 实验步骤

实验 9.1: 一维数组应用实验

尝试创建一个长度为 5 的 int 型一维数组,利用 for 循环对数组中的元素赋值,利用 foreach 循环遍历数组,取值并显示其内容。

关于 for 循环与 foreach 循环的具体内容,请参考相关章节。

参考代码如下:

```
// 声明并定义一个长度为 5 的数组
int[] array = new int[5];
// 循环对数组中的元素赋值
for (int i=0;i<5;i++)
{
    array[i] = i + 1;
}
// 遍历数组,取值并显示数组元素内容
foreach (int a in array)
{
    Console.WriteLine(a);
}
```

程序执行结果如图 9-1 所示。

图 9-1　一维数组应用实验程序执行结果

实验 9.2：集合应用实验

尝试使用 List 类存储并使用多个字符串。随着学习的深入，我们将逐步了解 List 类其他丰富的功能。

参考代码如下：

```
// 声明并定义 List<string> 型集合 list，初始化其变量为空
List<string> list = new List<string> { };
// 向 list 集合中加入三个 string
list.Add("Monday");
list.Add("Tuesday");
list.Add("Sunday");
// 遍历该集合，取出并显示其中元素的内容
foreach(string s in list)
{
    Console.WriteLine(s);
}
```

程序执行结果如图 9-2 所示。

图 9-2　集合应用实验程序执行结果

试验 9.3: 二维数组应用实验

尝试声明、定义、初始化一个二维数组,并利用两重循环遍历该数组。

参考代码如下:

```
// 声明一个二维数组并赋值
// 这种方式并不适用于 int[][] 方式声明的多维数组
int[,] array = { { 1, 2, 3 }, { 4, 5, 6 } };
// 利用两重循环遍历二维数组,取出其中数据并显示
for(int i=0;i<2;i++)
{
    for (int j=0;j<3;j++)
    {
        Console.Write(array[i,j]);
        Console.Write("    ");
    }
    Console.WriteLine();
}
```

程序执行结果如图 9-3 所示。

图 9-3 二维数组应用实验程序执行结果

实验 9.4：堆栈与队列应用实验

尝试利用 Stack 类与 Queue 类实现堆栈与队列的使用。

（1）使用 Stack 类创建堆栈，参考代码如下：

```
// 声明并定义基础类型为 int 的栈 stack
Stack<int> stack = new Stack<int> { };
// 清空栈数据
stack.Clear();
// 声明 int 型变量 a，初始化为 1
int a = 1;
// 将变量 a 压入栈中
stack.Push(a);
// 将 int 型变量 2 压入栈中
stack.Push(2);
// 读取栈顶元素并显示（不删除栈顶元素）
Console.WriteLine(stack.Peek());
// 弹出栈顶元素并显示（删除栈顶元素）
Console.WriteLine(stack.Pop());
// 弹出栈顶元素并显示
Console.WriteLine(stack.Pop());
```

程序执行结果如图 9-4 所示。

图 9-4　堆栈应用实验程序执行结果

（2）使用 Queue 类创建队列，参考代码如下：

```
// 声明并定义基础类型为 int 的队列 queue
Queue<int> queue = new Queue<int> { };
// 清空队列数据
queue.Clear();
// 声明 int 型变量 a, 初始化为 1
int a = 1;
// 将变量 a 压入队列
queue.Enqueue(a);
// 将值为 2 的 int 型变量压入队列中
queue.Enqueue(2);
// 读取队首元素并显示（不删除队首元素）
Console.WriteLine(queue.Peek());
// 弹出队首元素并显示（删除队首元素）
Console.WriteLine(queue.Dequeue());
// 弹出队首元素并显示
Console.WriteLine(queue.Dequeue());
```

程序执行结果如图 9-5 所示。

图 9-5　堆栈应用实验程序执行结果

9.5　参考文档

1. 数组

扫描右侧二维码，了解更多关于数组的知识。

2.List<T> 类

扫描右侧二维码，了解更多关于 List<T> 类的知识。

3. 集合类

扫描右侧二维码，了解更多关于集合类的知识。

4.IEnumerator 成员

扫描右侧二维码，了解更多关于 IEnumerator 的知识。

5.Stack 类

扫描右侧二维码，了解更多关于 Stack 类的知识。

6.Queue 类

扫描右侧二维码，了解更多关于 Queue 类的知识。

第 10 章 冒泡排序与快速排序

10.1 实验目标

（1）通过练习冒泡排序、快速排序的输出，使学生熟练掌握各种循环语句。

（2）编写代码，提示用户输入两个数并判断大小。

（3）编写代码，提示用户输入一组数字，以空格分开，并对其进行冒泡排序。

（4）编写代码，提示用户输入一组数字，以空格分开，并对其进行快速排序。

10.2 指导要点

（1）实验的难度是循序渐进的，要求学生按顺序完成。

（2）由于还没有讲解函数，所以处理这些字符串的时候可能会比较烦琐，可以在学生完成后，由教师演示如何用函数简化程序，提前引入后面的教学内容。

（3）由于学生编程经验不足，所以尤其要强调编程规范，比如注释的编写、命名规则等。

（4）学生最容易出错的地方就是循环边界，要提示学生有足够的耐心，进行细致的思考。

10.3 相关知识要点

10.3.1 冒泡排序

1. 冒泡排序的概念

冒泡排序（Bubble Sort）是计算机科学领域一种较为简单的排序算法。它重复走访要排序的数列，一次比较两个元素，如果它们的顺序错误就把它们的位置交换。走访数列的工作是重复进行的，直到没有再需要交换的，这时说明该数列已经排序完成。

在冒泡排序中元素会经由交换慢慢"浮"到数列的顶端，因此得名。

2. 冒泡排序的过程

冒泡排序的过程如下：

（1）比较相邻的元素，如果第一个元素比第二个元素大，对两个元素进行交换；

（2）从第一对元素到最后一对元素，对每一对相邻元素作同样的比较操作（每一次排序后，最后的元素是参与本次排序所有元素中最大的数）；

（3）除前一次排序最后一个元素以外，对其余元素再次进行排序；

（4）往复排序，直到没有任何一对数字需要被比较。

10.3.2 快速排序

1. 快速排序的概念

快速排序（Quicksort）是对冒泡排序的一种改进。快速排序由 C. A. R. Hoare 在 1962 年提出。它的基本思想是：通过一趟排序将参与排序的元素分割成独立的两部分，其中一部分的所有元素都比另外一部分的所有元素小，然后再按此方法对这两部分元素分别进行快速排序，整个排序过程可以递归进行，以此达到整个数组变成有序序列。

2. 快速排序的过程

快速排序的过程如下：

（1）设置两个变量 i、j，排序开始的时候 i=0，j=N-1；

（2）以第一个数组元素作为关键元素，赋值给 key，即 key=A[0]；

（3）从 j 开始向前搜索，即由后开始向前搜索 (j--)，找到第一个小于 key 的值 A[j]，将 A[j] 和 A[i] 互换；

（4）从 i 开始向后搜索，即由前开始向后搜索 (i++)，找到第一个大于 key 的值 A[i]，将 A[i] 和 A[j] 互换；

（5）重复（3）和（4），直到 i=j。

在第（3）和（4）中，没找到符合条件的值，即（3）中 A[j] 不小于 key，（4）中 A[i] 不大于 key 时，改变 j、i 的值，使得 j=j-1，i=i+1，直至找到符合条件的值。进行交换的时候，i、j 指针位置不变。另外，i==j 这一过程一定正好是 i++ 或 j-- 完成的时候，此时令循环结束。

10.4 实验步骤和相关代码

实验 10.1：数据比较应用实验

1. 实验内容

提示用户输入两个数，以空格分开，通过程序完成对两个数值大小的判断。

2. 实验步骤

创建新的控制台应用程序，输入以下代码：

```
using System;
using System.Collections.Generic;
```

```csharp
using System.Linq;
using System.Text;

namespace Test
{
    class Program
    {
        static void Main()
        {

            while (true)
            {

                Console.Write(" 请输入两个数，以空格分隔：");
                string str;
                str = Console.ReadLine();
                string[] strNum2 = str.Split(' ');
                int length = strNum2.Count();
                double[] intNum2 = new double[length];
                for (int a = 0; a < length; a++)
                {
                    intNum2[a] = Convert.ToDouble(strNum2[a]);
                }

                Console.WriteLine("");

                if (intNum2[0] > intNum2[1])
                {
                    Console.WriteLine(intNum2[0] + " 大于 " + intNum2[1]);
                }
                else if (intNum2[0] < intNum2[1])
                {
                    Console.WriteLine(intNum2[0] + " 小于 " + intNum2[1]);
                }
```

```
                                else
                                {
                                    Console.WriteLine(intNum2[0] + " 等于 " + intNum2[1]);
                                }
                                Console.WriteLine("5");

                            }
                        }
                    }
                }
```

程序执行结果如图 10-1 所示。

图 10-1   数据比较应用实验程序执行结果

实验 10.2：冒泡排序应用实验

1. 实验内容

提示用户输入一组数字，以空格分开，通过程序对其进行冒泡排序。

2. 实验步骤

创建新的控制台应用程序，输入以下代码：

```
        using System;
        using System.Collections.Generic;
        using System.Linq;
        using System.Text;
```

```
namespace Test
{
    class Program
    {
        static void Main()
        {

            Console.WriteLine(" 请输入一组数字,以空格分开 :");
            string str;
            str = Console.ReadLine();
            string[] number = str.Split(' ');
            int length = number.Count();
            int[] num = new int[length];
            for (int a = 0; a < length; a++)
            {
                num[a] = Convert.ToInt32(number[a]);
            }
            int temp = 0;
            for (int i = length - 1; i > 0; i--)
            {
                for (int j = 0; j < i; j++)
                {
                    if (num[j] > num[j + 1])
                    {
                        temp = num[j + 1];
                        num[j + 1] = num[j];
                        num[j] = temp;
                    }
                    else
                    {
                    }
                }
            }
```

```
            Console.WriteLine("");
            Console.WriteLine(" 冒泡排序的结果（从小到大）如下:");
            for (int b = 0; b < length; b++)
            {
                Console.Write(num[b] + " ");
            }

            Console.ReadKey();
        }
    }

}
```

程序执行结果如图 10-2 所示。

图 10-2　冒泡排序应用实验程序执行结果

实验 10.3:快速排序应用实验

1. 实验内容

提示用户输入一组数字,以空格分开,通过程序对其进行快速排序。

2. 实验步骤

创建新的控制台应用程序,输入以下代码:

```
    using System;
    using System.Collections.Generic;
```

```csharp
using System.Linq;
using System.Text;

namespace Test
{
    class Program
    {
        static void Main()
        {

            Console.WriteLine(" 请输入一组数字, 以空格分开: ");
            string str = Console.ReadLine();
            string[] number = str.Split(' ');
            int length = number.Count();
            int[] num = new int[length];
            for (int a = 0; a < length; a++)
            {
                num[a] = Convert.ToInt32(number[a]);
            }
            QuickSort(num, 0, length - 1);
            Console.WriteLine("");
            Console.WriteLine(" 快速排序的结果( 从小到大 )如下: ");
            for (int b = 0; b < length; b++)
            {
                Console.Write(num[b] + " ");
            }
            Console.ReadKey();
        }
        static void QuickSort(int[] a, int low, int high)
        {
            int i = low;
            int j = high;
            int pivotkey = a[i];
            while (i < j)
```

```
        {
            while (i < j && pivotkey <= a[j])
            { j--; }
            a[i] = a[j];
            while (i < j && a[i] <= pivotkey)
            { i++; }
            a[j] = a[i];
        }
        a[i] = pivotkey;
        if (i > low)
        { QuickSort(a, low, i); }
        if (i < high)
        { QuickSort(a, i + 1, high); }

    }
  }
}
```

程序执行结果如图 10-3 所示。

图 10-3   快速排序应用实验程序执行结果

第 11 章　字符串

11.1　实验目标

（1）理解字符串结构，掌握字符串处理技术。

（2）学习使用 String 类的函数处理字符串。

（3）熟悉常用的转义序列。

11.2　指导要点

11.3　相关知识要点

11.2.1　理解 string 与 String 类的区别

string 类型用于表示一个字符序列，而 String 类是.NET Framework 中定义的字符串类。可用 String 类声明字符串对象，并使用 String 类自带的丰富的功能函数处理这些对象。String 类中的功能函数也可以处理 string 引用类型。

11.2.2　String 类

1.String 类的概念

String 类是.NET Framework 中定义的字符串类，该类的实体对象是 Unicode 字符的有序集合，用于表示文本。它是 Char 对象的有序集合，可以用作 char 型数组。

该类为我们提供了大量的用于处理字符串的功能函数，其中常用的有以下几种。

（1）copy() 方法和 copyTo() 方法：用于复制字符串或其子字符串。

（2）concat() 方法和 join() 方法：用于连接字符串并创造新字符串。

（3）substring() 方法：用于获取原字符串的子字符串。

（4）length 属性：用于获取字符串的长度。

（5）toLower() 方法和 toUpper() 方法：用于统一原字符串中的大小写。

（6）insert() 方法：用于在原字符串中插入新内容。

（7）replace() 方法：用新字符串替换原字符串中的部分内容。

（8）remove() 方法：用于删除原字符串中的部分内容。

（9）trim() 方法：用于删除原字符串前后的空格。

（10）split() 方法：用某个特定字符将原字符串分割为字符串组。

关于 Sting 类的具体内容，参见 11.4 参考文档中"2. String 类"的相关内容。

2.ASCII 码

ASCII 码（American Standard Code for Information Interchange——美国标准信息交换代码）是一套基于拉丁字母的编码系统。它是现今最通用的单字节编码系统，可用于显示英语。ASCII 码对应的国际标准为 ISO/IEC 646。

标准 ASCII 码也叫基础 ASCII 码，使用 7 位二进制数来表示所有的大小写字母、数字 0 到 9 与标点符号，其中也包括一些控制字符。

0 ～ 31 及 127 是控制字符与通信专用字符，共计 33 个，是不可显示字符。常用的控制字符有 LF（换行）、CR（回车）、FF（换页）、DEL（删除）、BS（退格）、BEL（响铃）等，常用的通信专用字符有 SOH（文头）、EOT（文尾）、ACK（确认）等，8、9、10 和 13 分别转换为退格、制表、换行和回车字符。它们并没有特定的图形显示，但会依照不同的应用程序对文本显示有不同的影响。

32 ～ 126 是可显示字符，共计 95 个，其中 32 是空格。48 ～ 57 为阿拉伯数字（0 到 9）。65 ～ 90 为 26 个大写英文字母（A 到 Z），97 ～ 122 为 26 个小写英文字母（a 到 z）。其余是一些标点符号和运算符号，如逗号、句号、加号、减号等。

3. 转义序列

在编程过程中，有时使用的字符将与编译器发生冲突、产生歧义，因此需要使用转义序列。例如，在字符串中添加双引号时，若直接添加，将会导致编译器报错。当需要使用的字符无法直接表示的，也需要转义字符的帮助。例如在字符串中添加"回车"时。

所有的 ASCII 码字符都可以用"\"加数字来表示（一般是 8 进制数字），也就是转义序列。转义序列广泛存在于各种编程语言中，在网页编程中的使用尤为广泛。各个语言对转移序列的定义大体相同，这是因为 C 语言定义了基本的转义字符，而大部分语言继承了 C 语言的定义，包括 C# 语言。下面是 C# 语言中常用的转移序列。

（1）\a—— 响铃。

（2）\b ——退格。

（3）\f——换页。

（4）\n ——换行。

（5）\r——回车。

（6）\t ——水平制表。

（7）\v ——垂直制表。

（8）\\ ——反斜杠。

（9）\? ——问号字符。

（10）\' ——单引号字符。

（11）\" ——双引号字符。

（12）\0 ——空字符。

11.3 实验内容

本次实验的内容包括两部分：①利用循环语句与条件判断语句处理字符串；②利用 String 类处理字符串。第一部分包括 3 个实验，分别是：①字符串逆序输出；②单词分解；③识别回文字符串。第二部分包括 2 个实验，实验内容涉及 String 类的常用功能。

实验 11.1：字符串逆序输出

1. 实验内容

读入一个字符串，将其逆序输出。例如输入字符串"abcd"，则经过处理后应输出 "dcba"。

2. 实验步骤

循环遍历该字符串，倒序构建一个新字符串并输出，参考代码如下：

```
// 读入原字符串
string str = Console.ReadLine();
// 构建输出字符串，并初始化为空串
string ans = "";
// 循环遍历原字符串
for (int i = 0; i < str.Length; i++)
{
    // 构建逆序字符串
    ans = str[i] + ans;
}
// 输出
Console.WriteLine(ans);
```

程序执行结果如图 11-1 所示。

图 11-1   字符串逆序输出实验程序执行结果

实验 11.2：单词分解

1. 实验内容

读入一个字符串，内容为一个英文句子，将其分解为各个单词并逐行输出且不输出各种标点符号。

2. 实验步骤

循环遍历该字符串，并构建临时字符串。对于每个被遍历的字符，若它是字母，则将其加到临时字符串尾部；若它是空格，则输出该字符串，并将临时字符串清空；若它是标点符号，则丢弃并输出该字符串，并将临时字符串清空。参考代码如下：

```
// 读入原字符串
string str = Console.ReadLine();
// 构建输出字符串，并初始化为空串
string ans = "";
// 清除原字符串前后的空格内容
str.Trim();
// 循环遍历原字符串
for (int i = 0; i < str.Length; i++)
{
// 判断该字符是否是字母，ans 是否为空
if ((str[i] < 'a' || str[i] > 'z') && (str[i] < 'A' || str[i] > 'Z') && (ans != ""))
    {
```

```
        // 若不是字母, 则输出 ans, 并清空 ans
        Console.WriteLine(ans);
        ans = "";
    }
    else
    {
        // 构建输出字符串
        ans += str[i];
    }
}
```

程序执行结果如图 11-2 所示。

图 11-2　单词分解实验程序执行结果

实验 11.3：识别回文字符串

1. 实验内容

读入一个字符串, 判断它是否为回文字符串, 若是, 则输出 "YES", 若不是, 则输出 "NO"。

注：回文字符串与回文数类似, 即若一个字符串正序与逆序完全相同, 则认为它是一个回文字符串。

2. 实验步骤

对于该实验, 给出以下两种方法。

1）方法一

利用实验 11.1 的结果,首先将输入的字符串转为逆序,再将其和原字符串相比较。若相同,则输出"YES";若不同,则输出"NO"。

参考代码如下:

```csharp
// 读入原字符串
string str = Console.ReadLine();
// 构建输出字符串,并初始化为空串
string ans = "";
// 循环遍历原字符串
for (int i = 0; i < str.Length; i++)
{
    // 构建逆序字符串
    ans = str[i] + ans;
}
// 判断结果并输出
if (ans == str)
{
    Console.WriteLine("YES");
}
else
{
    Console.WriteLine("NO");
}
```

程序执行结果如图 11-3 所示。

图 11-3　识别回文字符串程序执行结果（方法一）

2）方法二

将字符串转为 char 型数组，循环遍历该数组的前一半元素，对比第一个与最后一个字符，第二个与倒数第二个字符……若发现存在不同，则输出"NO"；若循环结束后没有找到不同，则输出"YES"。参考代码如下：

```
// 读入原字符串
string str = Console.ReadLine();
// 循环遍历原字符串
for (int i = 0; i < str.Length / 2; i++)
{
    // 判断该元素与其对称位置元素是否相同
    if (str[i] != str[str.Length - i - 1])
    {
        Console.WriteLine("NO");
        return;
    }
}
// 检测完毕，输出
Console.WriteLine("YES");
```

程序执行结果如图 11-4 所示。

图 11-4   识别回文字符串程序执行结果(方法二)

实验 11.4:String 类应用实验

1. 实验内容

给定一个字符串" 　　Hello My World ！　　　",使用 String 类的功能函数,将其转变为"hello, WORLD!"。

2. 实验步骤(实现方式不唯一)

(1)去掉原字符串前后的空格。

(2)利用 split() 方法分割该字符串为字符串组。

(3)将字符串组中的第一个元素变为全小写,第三个元素变为全大写。

(4)拼接第一个元素、第三个元素与第四个元素。

(5)插入逗号与空格,参考代码如下:

```
// 加载原字符串
string str = "    Hello My World ！     ";
// 清除原字符串前后的空格内容
str = str.Trim();
// 调用 Split 方法分割原字符串
string[] tem = str.Split(' ');
// 调用 ToLower 方法将第一个字符串中大写字母变为小写
tem[0].ToLower();    // 这里要用一个变量来接一下变为小写后的值
// 调用 ToUpper 方法将第三个字符串中小写字母变为大写
tem[2].ToUpper();    // 同理,这里也要用一个变量接一下变为大写后的值
```

// 拼接第一个元素、第三个元素与第四个元素

string ans = tem[0] + tem[2] + tem[3];

// 插入逗号与空格

ans = ans.Insert(5,", ");

// 输出

Console.WriteLine(ans);

程序执行结果如图 11-5 所示。

图 11-5　String 类应用实验程序执行结果

实验 11.5：Split 函数单词分解

1. 实验要求

读入一个字符串，内容为一个英文句子，将其分解为各个单词并逐行输出。不输出各类标点符号且输出的单词全部使用小写字母。

2. 实验步骤

使用 ToLower() 方法将原字符串中的大写字母转换为小写字母。循环遍历该字符串，删除字符串中所有标点符号。利用 String 类的 Split 函数将其转为字符串组，依次输出组中所有的字符串。

参考代码如下：

// 读入原字符串

string str = Console.ReadLine();

// 调用 ToLower() 方法将原字符串中的大写字母转换为小写字母

str.ToLower();// **用一个变量接一下**

```
// 循环遍历原字符串,删除标点符号
for (int i = 0; i < str.Length; i++)
{
    // 判断该元素是否为标点符号
    if ((str[i] < 'a' || str[i] > 'z') && (str[i] < 'A' || str[i] > 'Z') && (str[i] != ' '))
    {
        str = str.Remove(i,1);
    }
}
// 调用 Split 方法分割原字符串
string[] ans = str.Split(' ');
// 依次输出
foreach(var s in ans)
{
    Console.WriteLine(s);
}
```

程序执行结果如图 11-6 所示。

图 11-6   Split 函数单词分解实验程序执行结果

11.4　参考文档

1. 正则表达式

扫描右侧二维码，了解更多关于正则表达式的知识

2.String 类

扫描右侧二维码，了解更多关于 String 类的知识

第 12 章　函数

12.1　实验目标

理解并掌握函数的定义方式与使用方法。

12.2　指导要点

（1）本次实验包括六个具体的实验，难度由浅到深，所以请按顺序学习这 6 个实验。

（2）熟悉函数定义的三要素，注意函数的命名规范。

（3）注意函数中变量的作用域，理解全局数据。

12.3　相关知识要点

1. 函数的概念

函数是子程序的一种，它由代码语句组成，负责完成特定的功能，具有一定的独立性、重用性。在 C# 语言中，子程序最主要的表现形式就是函数。

函数可以在函数中被调用，这意味着函数可以调用其他函数，函数也可以调用自己，这种调用称为函数的递归，我们将在后续章节中学习到。

函数的思想是学习编程的过程中最大的收获之一。这种思想不仅能帮助我们更好地完成程序的功能，还能让我们在生活中的方方面面受益于此。学习函数的思想理解"如何解决问题"、"如何高效地解决问题"。相信通过本章实验部分的六个实验，有助于大家能对这种思想有更深的体会。

在 C# 语言中，函数的定义包含三个要素：函数名、返回值类型、参数。

以下面这个函数为例：

```
static int Count(int n){……}
```

1）函数名

顾名思义，函数名就是为函数取的名字。函数名相同而内容不同称为函数的重载，关于函数重载的内容将在后续章节中学习到。在上述例子中，函数名是 Count。

2）返回值类型

在后续的实验中可以看出，使用函数往往是为了获取某个计算结果，这个计算结果的变量类型就是返回值类型。上述例子中,返回值的类型是 int 型。若该函数只是执行某个过程,没有返回值,则用 void 关键字填补该要素。函数返回值可以是各种变量,也可以是自定义的类。

在编程过程中可以将函数看做一个相应返回值类型的变量,将其带入表达式中。因此,下面的代码是正确的。

```
int a = Count(5);
Console.WriteLine(Count(10));
```

在函数的代码块中,可以用 return 关键字返回符合返回值类型的返回值。

3)参数

函数的执行往往需要参数,这一点很好理解。根据不同的参数,函数可以进行不同的运算,实现不同的逻辑判断,在后续实验中我们将看到参数的价值。在前面的例子中,参数是一个 int 型变量 n。一个函数可以有多个参数,中间用逗号隔开。

在调用函数时,除了函数名要准确外,参数也要匹配才能成功调用。以前面的例子中的函数为例,如果用 Count(str) 这一语句调用该函数,但参数 str 是一个 string 型变量而非 int 型变量,那么编译器就将会报错。

一般情况下参数在函数中被修改并不会导致原始值被修改。如果想在函数中修改某个参数,需要在该参数前添加关键字 ref。示例如下:

```
static int Count(ref int n){ 语句块 }
```

函数定义里的 static 关键字表示该函数是一个静态函数,而非成员函数,具体的区别将在面向对象编程的内容中学习到。

函数后面的语句块中放置着该函数将要执行的代码块。如果函数制定了某种返回值类型,则在函数的代码块中,需要对每种可能的结果设定返回值,否则编译器会报错。例如下面这个函数:

```
static int Count(int n)
{
    if (n==1)
        return 0;
    else
        return n;
}
```

这里就需要对 if 条件的两种情况分别指定返回值。

2. 局部变量与全局变量

局部变量指的是在特定的函数内才能访问的变量,例如在函数内(包括 Main 函数)定义的变量,其定义、声明、赋值、调用均有一定的功能范围。C# 作为面向对象语言,一般只使用局部变量。

全局变量也称外部变量,它不特定属于某个函数,而是属于整个程序,可在整个程序的任意函数中使用。对于 C# 语言来说,由于变量的声明都在类中,所以几乎完全抛弃了全局变量的概念。对于类似的需求,可以通过将变量声明为 public static 型的公开静态变量来实现,这种方法一般不推荐使用。

3.Main() 函数

Main() 函数是 C# 应用程序的入口,调用一个程序的 Main() 函数就是执行该应用程序。Main() 函数有 int 和 void 两种返回值,有一个可选参数 string[] args,所以一共有四种组合情况。其中,int 返回 0 时表示程序正常终止,所以在返回值为 int 的 Main() 函数中,可以使用 return 0 来正常终止程序。

12.4　实验内容

实验 12.1:定义并使用控制台输出函数

1. 实验内容

定义并调用一个函数,实现将输入字符串打印在控制台的功能。输入参数为被打印的字符串,无输出变量。

2. 实验步骤

创建新的控制台应用程序,输入以下代码:

```
static void Main(string[] args)
{
    // 打印 "Hello, World!"
    Print("Hello, World!");
    // 打印 "I'm from TJU."
    Print("I'm from TJU.");
    Console.ReadKey();
}
/// <summary>
/// 在控制台打印字符串
/// </summary>
/// <param name="msg"> 被打印的字符串 </param>
static void Print(string msg)
{
    Console.WriteLine(msg);
```

}

程序执行结果如图 12-1 所示。

图 12-1　定义并使用控制台输出函数程序执行结果

实验 12.2：定义并使用幂乘函数

1. 实验内容

定义并调用一个函数，实现实数的幂乘。输入参数有两个，第一个是 double 型浮点数，表示幂乘函数的底数，第二个是 int 型整数，表示幂乘函数的指数。返回值为 double 型浮点数，表示幂乘结果。

2. 实现步骤

在函数内通过循环相乘，求得连乘的结果。该功能在学习函数递归后将会有更好的解法，使该函数的复杂度降低。

参考代码如下：

```
static void Main(string[] args)
{
    // 定义 double 型变量 a, 将 pow 函数的计算结果赋值给 a
    double a = pow(2, 3);
    // 输出 a
    Console.WriteLine(a);
    // 输出 pow 函数的计算结果
    Console.WriteLine(pow(1.5, 6));
    Console.ReadKey();
```

```
    }
    /// <summary>
    /// 复杂度为 O(n) 的幂乘函数
    /// </summary>
    /// <param name="x"> 底数 </param>
    /// <param name="n"> 幂 </param>
    /// <returns> 计算结果 </returns>
    static double pow(double x, int n)
    {
        // 定义 ans 变量
        double ans = 1;
        // 循环连乘
        for (int i = 0; i < n; i++)
        {
            ans *= x;
        }
        // 返回计算结果
        return ans;
    }
```

程序执行结果如图 12-2 所示。

图 12-2   定义并使用幂乘函数程序执行结果

实验 12.3：数据处理

1. 实验内容

随机生成 100 个大小为 0 ~ 99 的整数，求这 100 个整数的最大值、最小值、算数平均数和方差（分别采用两种方法）。要求用函数形式分步实现以下功能。

2. 实验步骤

按照要求，用函数形式分步依次实现。

（1）生成一个由 100 个 0 ~ 99 整数组成的随机数组。

（2）求数组中的最大值、最小值。

（3）计算数据的算数平均数。

（4）采用传统方法计算数据的方差。

（5）采用公式计算数据的方差。

参考代码如下：

```
static void Main(string[] args)
{
    // 生成一个有 100 个 0 到 99 整数的随机数组
    int[] data = CreateData(100);
    // 求数组的最大值
    Console.WriteLine(MaxNum(data));
    // 求数组的最小值
    Console.WriteLine(MinNum(data));
    // 计算数据的算数平均数
    Console.WriteLine(AvgNum(data));
    // 利用方法 1 计算数据的方差
    Console.WriteLine(VarNum(data));
    // 利用方法 2 计算数据的方差
    Console.WriteLine(VarNum_2(data));
    Console.ReadKey();
}
/// <summary>
/// 生成一个有 n 个 0 到 99 整数的随机数组
/// </summary>
/// <param name="n"> 参数 n</param>
/// <returns> 有 n 个 0 到 99 整数的随机数组 </returns>
static int[] CreateData(int n)
```

```csharp
    {
        int[] tem = new int[n];
        Random rand = new Random();
        for (int i = 0; i < n; i++)
        {
            tem[i] = rand.Next(0, 100);
        }
        return tem;
    }
    /// <summary>
    /// 求数组的最大值
    /// </summary>
    /// <param name="data"> 参数数组 </param>
    /// <returns> 数组最大值 </returns>
    static int MaxNum(int[] data)
    {
        int maxnum = Int32.MinValue;
        foreach (var a in data)
        {
            if (a > maxnum)
                maxnum = a;
        }
        return maxnum;
    }
    /// <summary>
    /// 求数组的最小值
    /// </summary>
    /// <param name="data"> 参数数组 </param>
    /// <returns> 数组最小值 </returns>
    static int MinNum(int[] data)
    {
        int minnum = Int32.MaxValue;
        foreach (var a in data)
        {
```

```
        if (a < minnum)
            minnum = a;
    }
    return minnum;
}
/// <summary>
/// 计算数据的算数平均数
/// </summary>
/// <param name="data"> 参数数组 </param>
/// <returns> 参数数组的算数平均数 </returns>
static double AvgNum(int[] data)
{
    int sum = 0;
    foreach (var a in data)
    {
        sum += a;
    }
    return (double)sum / data.Count();
}
/// <summary>
/// 计算数据的方差
/// </summary>
/// <param name="data"> 参数数组 </param>
/// <returns> 参数数组的方差 </returns>
static double VarNum(int[] data)
{
    // 调用 AvgNum 函数，计算数组的算数平均数
    double avg = AvgNum(data);
    double sum = 0;
    foreach (var a in data)
    {
        sum += ((double)a - avg) * ((double)a - avg);
    }
    return sum / data.Count();
```

```
    }
    /// <summary>
    /// 计算数据的方差
    /// </summary>
    /// <param name="data"> 参数数组 </param>
    /// <returns> 参数数组的方差 </returns>
    static double VarNum_2(int[] data)
    {
        double avg = AvgNum(data);
        int sum = 0;
        foreach (var a in data)
        {
            sum += a * a;
        }
        return (double)sum / data.Count() - avg * avg;
    }
```

程序执行结果如图 12-3 所示。

图 12-3   数据处理程序执行结果

实验 12.4：求 Fibonacci 数列的第 n 个数

1. 实验内容

按照斐波那契数列（Fibonacci 数列）的性质，计算该数列的第 n 个数。依次计算第

4、10、8、1、15 个数的数值并显示。

Fibonacci 数列是最为著名的数列之一,也称黄金分割数列,它在自然界中广泛存在,被应用于理论科学、画面构图等诸多方面。在数学上, Fibonacci 数列被递推地定义,其首项和递推公式分别是:$F(0)=0, F(1)=1, F(n)=F(n-1)+F(n-2)(n \geqslant 2, n \in N^*)$

2. 实验步骤

创建新的控制台应用程序,输入以下代码:

```
static void Main(string[] args)
{
    // 对于每个参数 n,依次调用 Fibonacci 函数
    Console.WriteLine(Fibonacci(4));
    Console.WriteLine(Fibonacci(10));
    Console.WriteLine(Fibonacci(8));
    Console.WriteLine(Fibonacci(1));
    Console.WriteLine(Fibonacci(15));
    Console.ReadKey();
}
/// <summary>
/// 求 Fibonacci 数列第 n 项
/// </summary>
/// <param name="n"> 参数 n</param>
/// <returns>Fibonacci 数列第 n 项 </returns>
static int Fibonacci(int n)
{
    if (n == 0)
        return 0;
    if (n == 1)
        return 1;
    int[] data = new int[20];
    data[0] = 0;
    data[1] = 1;
    for (int i = 2; i <= n; i++)
    {
        data[i] = data[i - 1] + data[i - 2];
    }
```

```
        return data[n];
    }
```

程序执行结果如图 12-4 所示。

图 12-4　求 Fibonacci 数列的第 n 个数程序执行结果

实验 12.5：利用辗转相除法求最大公约数

1. 实验内容

辗转相除法又称欧几里得算法，是已知最古老的算法之一，也是最为著名的算法之一。请尝试实现欧几里得算法，并依次计算这五组数的最大公约数（252，105）、（170，221）、（125，225）、（113，212）、（312，928），将结果逐行显示。

2. 实验步骤

创建新的控制台应用程序，输入以下代码：

```
static void Main(string[] args)
{
    // 对于每组数,依次调用 Euclid 函数
    Console.WriteLine(Euclid(252, 105));
    Console.WriteLine(Euclid(170, 221));
    Console.WriteLine(Euclid(125, 225));
    Console.WriteLine(Euclid(113, 212));
    Console.WriteLine(Euclid(312, 928));
    Console.ReadKey();
}
```

```
/// <summary>
/// 辗转相除算法求最大公因子
/// </summary>
/// <param name="a"> 参数 a</param>
/// <param name="b"> 参数 b</param>
/// <returns> 最大公因子 </returns>
static int Euclid(int a, int b)
{
    int c = 0;
    if (a % b == 0)
    {
        return b;
    }
    else
    {
        do
        {
            c = a % b;
            a = b;
            b = c;
        } while (c > 0);
    }
    if (b == 0)
    {
        return a;
    }
    return b;
}
```

程序执行结果如图 12-5 所示。

图 12-5　利用辗转相除法求最大公约数程序执行结果

实验 12.6：高精度加法、减法、乘法的实现

1. 实验内容

编程计算该算式：

(A + B + C − C * A) * B

其中，

A = 89712697213769182746978273966401901231

B = 30978791121000172846783659102385989723

C = 1090183701973818070917209127681203941224

将结果输出在控制台。

2. 实验步骤

该实验中的数据 A、B、C 与计算结果均超过了已有变量能够表示的范围，因此考虑采用高精度算法对其进行计算，用字符串表示三个参数与计算结果。

下面分别编写高精度加法、减法、乘法的函数，并调用这些函数进行计算。

创建新的控制台应用程序，输入以下代码：

```
static void Main(string[] args)
{
    // 设置参数 a、b、c----(A + B + C - C * A) * B
    string a = "89712697213769182746978273966401901231";
    string b = "30978791121000172846783659102385989723";
    string c = "1090183701973818070917209127681203941224";
```

```
        // 按照计算优先级，对算式进行递归表示
        Console.WriteLine(Multi(Minus(Add(Add(a, b), c), Multi(a, c)), b));
        Console.ReadKey();
    }
    /// <summary>
    /// 高精度加法
    /// </summary>
    /// <param name="a"> 参数 a</param>
    /// <param name="b"> 参数 b</param>
    /// <returns> 计算结果 </returns>
    static string Add(string a, string b)
    {
        // 初始化输出结果为空
        string ans = "";
        // 对齐位数
        while (a.Length < b.Length)
            a = "0" + a;
        while (a.Length > b.Length)
            b = "0" + b;
        // 是否进位
        bool flag = false;
        // 循环相加
        for (int i = a.Length - 1; i >= 0; i--)
        {
            // 对位相加
            int tem = (a[i] - '0') + (b[i] - '0');
            // 是否有进位
            if (flag)
                tem++;
            flag = false;
            // 是否需要进位
            if (tem > 9)
            {
                flag = true;
```

```
                    tem -= 10;
                }
            // 写入字符串
            ans = tem.ToString() + ans;
        }
        // 最高位是否进位
        if (flag)
            ans = "1" + ans;
        return ans;
    }
    /// <summary>
    /// 高精度减法
    /// </summary>
    /// <param name="a"> 参数 a</param>
    /// <param name="b"> 参数 b</param>
    /// <returns> 计算结果 </returns>
    static string Minus(string a, string b)
    {
        // 初始化输出结果为空
        string ans = "";
        // 对齐位数
        while (a.Length > b.Length)
            b = "0" + b;
        // 是否借位
        bool flag = false;
        for (int i = a.Length − 1; i >= 0; i--)
        {
            // 对位相减
            int tem = a[i] − b[i];
            // 是否有借位
            if (flag)
                tem--;
            flag = false;
            // 是否需要借位
```

```
        if (tem < 0)
        {
            flag = true;
            tem += 10;
        }
        // 写入字符串
        ans = tem.ToString() + ans;
    }
    return ans;
}
/// <summary>
/// 高精度乘法
/// </summary>
/// <param name="a"> 参数 a</param>
/// <param name="b"> 参数 b</param>
/// <returns> 计算结果 </returns>
static string Multi(string a, string b)
{
    // 初始化输出结果为 0
    string ans = "0";
    for (int i = 0; i < b.Length; i++)
    {
        // 将 b 的第 i 位与 a 相乘
        string tem = MultiHelp(a, b[i] - '0');
        // 进位
        for (int j = 0; j < b.Length - i - 1; j++)
        {
            tem += "0";
        }
        // 调用高精度加法做累加处理
        ans = Add(ans, tem);
    }
    return ans;
}
```

```csharp
/// <summary>
/// 高精度乘法 - 单位乘函数
/// </summary>
/// <param name="a"> 参数 a</param>
/// <param name="b"> 参数 b</param>
/// <returns> 计算结果 </returns>
static string MultiHelp(string a, int b)
{
    // 初始化输出结果为空
    string ans = "";
    // 记录进位
    int helpNum = 0;
    // 记录每位运算的结果
    int tem = 0;
    // 循环相乘
    for (int i = a.Length - 1; i >= 0; i--)
    {
        // 计算该位数值
        tem = (a[i] - '0') * b + helpNum;
        // 计算进位数值
        helpNum = tem / 10;
        // 计算该位实际数值
        tem %= 10;
        // 写入字符串
        ans = tem.ToString() + ans;
    }
    // 最高位进位
    if (helpNum != 0)
        ans = helpNum.ToString() + ans;
    return ans;
}
```

程序执行结果如图 12-6 所示。

图 12-6 高精度加法、减法、乘法程序执行结果

12.5 参考文档

1. 局部变量

扫描右侧二维码,了解更多关于局部变量的知识。

2.Fibonacci 数列

扫描右侧二维码,了解更多关于 Fibonacci 数列的知识。

第 13 章   函数的重载

13.1   实验目标

（1）通过实验加深对函数重载的理解，学会在特定条件下正确地使用函数重载。

（2）使用函数重载定义 int 和 double 两种类型数据的数值比较函数，实现如图 13-1 所示输出结果。

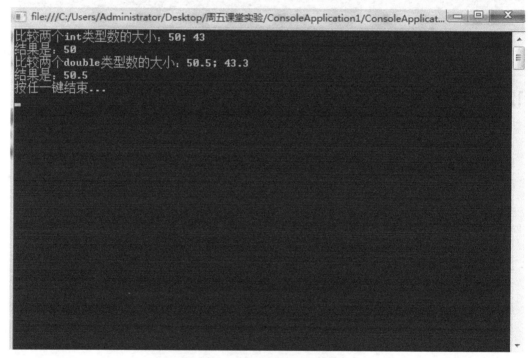

图 13-1   数值比较实验输出结果

（3）在已知不同参数条件下，分别求解圆的面积，实现如图 13-2 所示输出结果。

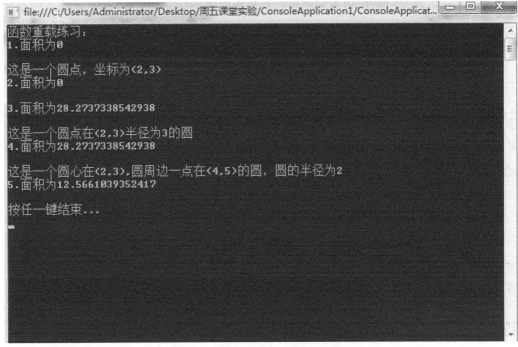

图 13-2 求解圆的面积实验输出结果

13.2 指导要点

（1）函数重载的练习需要在学生们已经熟练掌握了函数的定义方式与使用方法的前提下进行。在进行练习前，需要与学生们一起复习上一章函数的初步知识。

（2）函数的返回值不参与重载。

13.3 相关知识要点

1. 函数重载的概念

函数重载（overload）是指多个函数可以同时使用同一个函数名，只是函数的参数表不同。例如，使用重载函数可以定义多个加法函数来求两个数之和，其中，第一个函数实现两个 int 类型变量求和，第二个函数实现两个 float 类型变量求和，第三个函数实现两个 decimal 类型变量求和。每种实现对应一个函数体，这些函数的函数名相同，但是函数的参数类型不同，这就是函数的重载。

2. 函数重载的优点

（1）函数重载为程序开发提供了极大的便利，尤其是对于类库的使用者——可以从复杂的类型转换中解放出来，只要以自己认为最方便的方式调用方法即可。

（2）函数重载可以使得用户不必操心有关数据类型转换的工作,各个重载函数会负责针对不同的数据类型进行处理,也减少了用户对参数数据类型的记忆。

（3）强制使用一种数据提供方式,在一些特殊情况下会给用户造成不便,此时最好的办法就是提供一组重载。

（4）有些函数的功能非常强大,但其缺点就是函数调用者需要考虑太多的参数设置。事实上,大多数情况下,使用者真正关心的只是其中的一两个参数,剩余的参数都集中在某些相同的设置值上。如果能为这些高级特性提供合理的默认值,函数调用者的工作量就会大大降低。函数重载可以为复杂的参数提供默认值,简化调用。

3. 函数重载的注意事项

函数重载时多个函数使用同一个函数名,C# 语言的编译器需要确定用户调用的是哪一个函数,即采用哪个函数实现。确定函数实现时,要求从函数参数的个数和类型上来区分。这就是说,进行函数重载时,要求同名函数在参数个数上不同,或者参数类型上不同。否则,将无法实现重载。注意,函数的返回值不参与重载。

13.4　实验步骤和相关代码

实验 13.1：数值比较实验

1. 实验内容

使用函数重载定义 int 和 double 两种类型数据的数值比较函数。

2. 实验步骤

创建新的控制台应用程序,输入以下代码：

```
using System;
using System.Collections.Generic;
using System.Linq;
using System.Text;
namespace Test
{
    class Program
    {
        using System;
        using System.Collections.Generic;
        using System.Linq;
        using System.Text;
```

```csharp
namespace ConsoleApplication1
{
    class Program
    {
        static void Main(string[] args)
        {
            // 定义一个 int 变量
            int intx = 50;
            // 定义一个 int 变量
            int inty = 43;
            Console.WriteLine(" 比较两个 int 类型数的大小:" + int x
+ "; " + inty);

            // 调用 int 版本的 max 函数
            int intresult = max(int x, int y);
            Console.WriteLine(" 结果是:" + intresult);
            // 定义一个 double 变量
            double doublex = 50.5;
            // 定义一个 double 变量
            double doubley = 43.3;
            Console.WriteLine(" 比较两个 double 类型数的大小:" +
double x + "; " + doubley);
            double doubleresult = max(double x, double y);
            Console.WriteLine(" 结果是:" + doubleresult);
            Console.WriteLine(" 按任意键结束...");
            Console.ReadKey();
        }

        // 定义 int 版本的 max 函数
        static int max(int x, int y)
        {
            int z;
            // 比较 x,y 的大小
            z = x > y ? x : y;
            return z;
```

```
        }
        // 定义 double 版本的 max 函数
        static double max(double x, double y)
        {
            double z;
            // 比较 x, y 的大小
            z = x > y ? x : y;
            return z;
        }


    }
}
```

程序执行结果如图 13-3 所示。

图 13-3　数值比较实验程序执行结果

3. 实验结果分析

上述代码中定义了一个参数为 int 类型的 max 函数,这个函数只接收两个 int 类型的参数,然后返回 int 类型的数据。还定义了一个参数为 double 类型的 max 函数,这个函数只接收两个 double 类型的参数,然后返回 double 类型的数据。这两个函数都使用了 max 的函数名,但是它们能共同存在,这就是函数重载。

实验 13.2：求解圆的面积实验

1. 实验内容

在已知不同参数条件下，分别求解圆的面积。

2. 实验步骤

创建新的控制台应用程序，输入以下代码：

```
using System;
using System.Collections.Generic;
using System.Linq;
using System.Text;

namespace ConsoleApplication1
{
    class Program
    {
        private const float PI = 3.141526F;

        //1. 没有任何已知条件
        public static double Area()
        {
            Console.WriteLine(" 无已知条件:");
            return 0;
        }
        //2. 已知圆心坐标
        public static double Area(int x1, int y1)
        {
            Console.WriteLine(" 这是一个圆点,坐标为 ({0},{1})", x1, y1);
            return 0;
        }

        //3. 已知半径
        public static double Area(double r)
        {

            double theArea;
```

```csharp
        theArea = PI * r * r;
        return theArea;
    }


//4. 已知圆心坐标和半径
public static double Area(int x1, int y1, double r)
    {
        Console.WriteLine(" 这是一个圆点在 ({0},{1}) 半径为 {2} 的圆 ",
x1, y1, r);

        return Area(r);
    }


//5. 已知圆心和圆周边上的一点
public static double Area(int x1, int y1, int x2, int y2)
    {
        int x = x2 - x1;
        int y = y2 - y2;
        double r = (double)Math.Sqrt(x * x + y * y);
        Console.WriteLine(" 这是一个圆心在 ({0},{1}), 圆周边一点在
({2},{3}) 的圆 , 圆的半径为 {4}", x1, y1, x2, y2, r);
        return Area(r);
    }


static void Main(string[] args)
    {
        // 定义 x 坐标
        int x1 = 2, x2 = 4;
        // 定义 y 坐标
        int y1 = 3, y2 = 5;
        // 定义半径
        double radius = 3;
        // 定义变量面积,赋初值为 0
        double CircleArea = 0;
```

```
            CircleArea = Area();
            Console.WriteLine("1. 面积为 {0}", CircleArea);
            Console.WriteLine();

            CircleArea = Area(x1, y1);
            Console.WriteLine("2. 面积为 {0}", CircleArea);
            Console.WriteLine();

            CircleArea = Area(radius);
            Console.WriteLine(" 这是一个半径为 {0} 的圆 ", radius);
            Console.WriteLine("3. 面积为 {0}", CircleArea);
            Console.WriteLine();

            CircleArea = Area(x1, y1, radius);
            Console.WriteLine("4. 面积为 {0}", CircleArea);
            Console.WriteLine();

            CircleArea = Area(x1, y1, x2, y2);
            Console.WriteLine("5. 面积为 {0}", CircleArea);
            Console.WriteLine();

            Console.WriteLine(" 按任意键结束...");
            Console.ReadKey();



        }
    }
}
```

程序执行结果如图 13-4 所示。

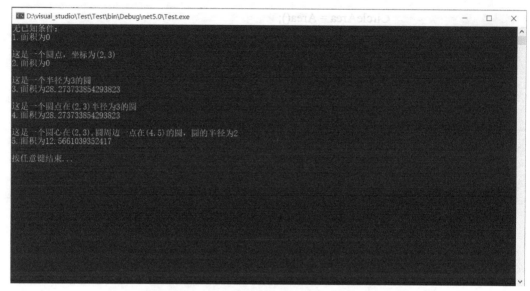

图 13-4　求解圆的面积实验程序执行结果

第二部分:应用实验

第 14 章　WinForm 编程初步——记事本

14.1　实验目标

（1）在基础实验篇完成控制台程序学习的基础上，要求同学们完成一个简单的 Win-Form 程序——记事本。在 IT 领域实践中，控制台形态的程序很少出现。而 WinForm 程序是同学们接触最多的，需要给同学们一些初步的实践过程。

（2）用 WinForm 程序编写记事本，实现与 Windows 操作系统自带记事本相同的功能。

14.2　指导要点

WinForm 程序是以控件为核心组织起来的。由于这是学生第一次接触 WinForm 程序，需要教师带领学生完成初步的实验步骤。要求学生掌握界面的基本布局，控件的属性以及事件处理程序。

在指导学生的过程中，建议大部分技术难点由学生自己研究完成，从而养成良好的查阅资料的习惯。教师只需要指点解决问题的方向，以及提供参考资料的相关网站即可。

由于讲解本部分实验内容时，同学们尚未学习面向对象编程，所以在遇到相关问题时，可以提示学生提前预习相关内容。

本实验中的主要代码都已给出，但学生们不能照抄，这样对练习编程没有意义。最好的方法是看懂以后自己编写。看到不明白的对象或语句不要畏惧，上网查相关资料，搞明白问题，这样可以有效提高编程和学习能力。实际上，IT 工作者在工作中，也是边查资料边写代码，关键是知道如何查阅资料，以及对资料的筛选和取舍。

本次实验涉及的代码近千行，功能比较复杂，同学们在编程时要学会逐步完成。在编写后面的功能时，可能需要修改前面已经编写好的内容，要注意相互之间不要影响。在编写过程中，要始终坚持良好的编写习惯，包括代码排版、命名规则以及注释等。

14.3　相关知识要点

控制台程序与 DOS 程序相似，是过程驱动的，一般一段程序都是从程序的首行执行到末尾，不同的模块或函数通过程序调用来执行。但在 WinForm 编程中，主要是事件驱动的。

大部分代码（对于初学者来说，可以是全部代码）都必须写在某一函数里，通过将特定的事件和函数建立关系(当某个特定的事件发生时,执行某一特定的函数),达到执行指定的程序的目的。

WinForm 编程的另一难点就是布局。窗体的尺寸在运行过程中是可以变化的,控件的位置以及尺寸要随着窗体大小的变化而变化。解决这一问题的一个好办法就是充分利用 Dock 属性。Dock 属性分上、下、左、右以及填充,同学们可以尝试一下它的用法。

1.WinForm 常用控件表

1)Form

Form(窗体)是应用程序中其他控件的载体,一个 WinForm 程序至少要包含一个窗体。实际上,每个程序都有多个窗体。

2)Label

Lable(标签)控件可以显示文字,这些文字既可以在设计时指定,也可以在运行时动态改变。Label 控件最重要的属性就是 Text,它用来返回或指定显示的文字。

3)TextBox

TextBox(文本框)控件是最常用的输入控件,用来接收用户输入的一段文字。除了单行模式外,还有密码模式和多行模式。TextBox 接收的输入为任意字符,这就需要在程序中对文字输入的正确性进行验证,这一部分工作往往需要大量的代码, Text 属性用来获取用户的输入。

4)Button

Button(按钮)控件对于用过计算机的人来说应该都不陌生,它最重要的功能是 Click 事件,用户单击后系统执行代码的过程就是这个事件激发的。

5)GroupBox

GroupBox(分组框)控件是一个窗口控件,它本身的作用不是很大,主要是为了将控件分组,并使得界面美观。

6)RadioButton

一般将几个 RadioButton(单选框)控件构成一组,用来处理对多个选项进行单一选择的事件,比如选择性别、学历等。当一个窗体上存在几组不同的 RadioButton 控件时,需要将每一组 RadioButton 控件放在单独的容器里,这样各组才能正常工作。同一组 RadioButton 控件需要判断每一个 RadioButton 控件的 Checked 属性,才能判断出用户选择的项。

7)ListBox

ListBox(列表框)控件用来在多个选项中进行选择,可以选择多项,这由 SelectionMode 属性决定。列表框里所列举的选项存储在 Items 属性中,这个属性是一个集合,可以在设计时直接写入属性,但更多的情况是要在运行时动态添加,这需要使用 Items.Add 方法。Items 也可以绑定数据源,不过不建议这样做。用户选择的项可以通过 SelectItems

来获取。

8）ComboBox

ComboBox（下拉框）控件也称为组合框控件，它可以理解为文本框控件和列表框控件的组合。它有一个重要的属性——DropDownStyle 属性，用来设定下拉框的输入方式（用户可以自由输入或者只能选择已有选项）。ComboBox 控件的 Items 属性与 ListBox 控件的 Items 属性类似，但不能多选。用户选择的项可以通过 Text 属性来获取。

9）PictureBox

PictureBox（图片框）控件用来显示图片，显示图片的方式通过 SizeMode 属性决定。要注意的是很多控件都有 BackgroudImage 属性，也可以用来显示图片，但它显示的是背景图，也称底图。

10）Timer

Timer（定时器）控件是一种特殊的控件，与上面的控件不同，它在运行时是不可见的，或者说它没有外观。Timer 控件的作用是定时产生一个事件，或者定时执行某一段特定的代码。

比如在窗体里的一个 Label 控件里显示时间，这个时间是不会变化的。但可以加上一个 Timer 控件，每隔 1 秒重写一下 Label 里的时间，这样就可以使这个数学时间"动"起来。

11）系统对话框

C# 带有一组系统对话框控件，包括：OpenFileDialog，SaveFileDialog，FontDialog，ColorDialog，PrintDialog。这些对话框的外观和 Windows 操作系统自带的对话框一模一样。但需要注意的是，这些对话框本身并不能完成打开文件、保存文件等操作。对话框的作用是获得这次操作的相关参数，真正的操作还需要代码来完成。对话框控件最重要的一个方法是 ShowDialog()，它的作用就是弹出相应的对话框。

12）TreeView 和 ListView

在 Windows 操作系统里，资源管理器左边的部分就是一个 TreeView 控件，而右边的部分是 ListView 控件。这两个控件比较复杂，但使用广泛。一般情况下，如果界面中需要数据列表，一般就要选择 ListView 控件而不是 DataGrid 控件，即使用 ListView 控件的 Detail 模式。

13）TabControl

TabControl（标签）控件的作用是，当一个界面放不下所有内容时，可以将内容分组放入不同的 Tab，这是一个不错的选择。

14）Panel

Panel（容器）控件使用非常广泛，是布局不可或缺的控件，其关键功能在于容器内部可以容纳其他控件或容器。

2.WinForm 常用属性表

1 ）Name 属性

Name 属性用来获取控件的名称,这样后台代码可以直接使用该名称操作控件。使用 This.ControlName 来指向控件更加明确。

2 ）Text 属性

Text 属性用来获取控件中显示的文字。如果要给控件加快捷键,可以在字母前加"&"符号。比如菜单项的 Text 属性为"&F. 文件",则显示为 F. 文件,这时可以用 Alt+F 来使用这个菜单项。

3 ）BackColor 属性

BackColor 属性用来获取或设置窗体的背景色。C# 里表示颜色可以采用几种方法,常用的是命名法或 RGB 三色法,比如纯红色可以用 Color.Red 或 #FF0000 来表示。

4 ）BackgroudImage 属性

BackgroudImage 属性用来获取或设置窗体的背景图片。背景图片可以在设计时指定,这时图片存储在 Form 的资源文件里;也可以在运行时动态指定,指定的来源可以是系统的资源文件里的图形文件,也可以是计算机磁盘里的图形文件。前者的图形文件可以编译在.exe 文件里,也可以复制到程序文件夹里;后者比较复杂,要确保指向的文件存在。如果想要在界面呈现动画效果,一个简单的方法就是指定动态的.gif 文件。

5 ）Cursor 属性

Cursor 属性用来设置鼠标经过控件时的图标,图标要符合一般人的操作习惯。

6 ）ContextMenuStrip 属性

ContextMenuStrip 属性用来设置鼠标右键菜单。操作时需要先准备好相应的 ContextMenu 再指定。

7 ）Dock 属性

Dock 属性用来设置控件在所属容器中的停靠位置。关于界面布局,后面会专门说明。

8 ）Enabled 属性

Enabled 属性用来设置控件是否有效。如果 Enabled==False,则键盘或鼠标都对控件不起作用。

9 ）Visible 属性

Visible 属性用来设置控件是否可见。与 Enabled 不同的是,如果控件不可见,则其占据的位置可能被其他控件取代。

10 ）Font 属性

控件如果有文字显示, Font 属性用于指定文字的字体属性,包括字体、字体尺寸、字体粗细等。

11)ForeColor 属性

ForeColor 属性用来获取或设置控件的前景色,一般表示文字的颜色。

12)Location 属性

Location 属性用来设置控件左上角在容器中的坐标。不论控件是什么形状,所有可视控件都可被视为一个长方形。Location 是一个 Point 类型的变量,包括 X 属性与 Y 属性,它们的值一般以像素为单位。坐标(0 , 0)点一般是所属容器的左上角,并且可以与屏幕坐标相互转换。

13)Size 属性

Size 属性用来获取或设置控件的尺寸,包括 Width 属性和 Height 属性,也就是长方形的宽度和高度。

14)Controls 属性

Controls 属性控件集合,这是容器控件的专有属性,容器包含的所有控件都在 Controls 集合里。

14.4　实验步骤和相关代码

1. 创建记事本窗体

(1)创建标准的 WinForm 项目,如图 14-1 所示。

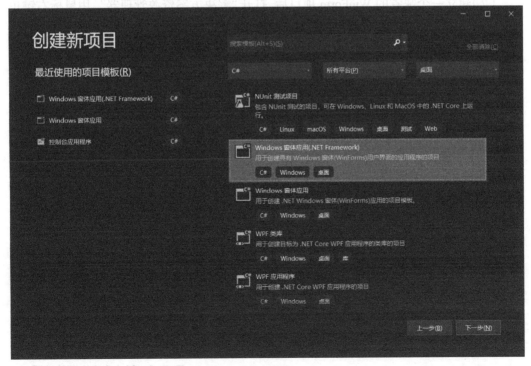

(a)

（b）

图 14-1　创建标准的 WinForm 项目

（a）创建 Windows 窗体应用　（b）配置 Windows 窗体应用

（2）建立一个缺省的 WinForm 项目后，打开"解决方案资源管理器"，用鼠标右键单击"Form1.cs"，选择"重命名"，将"Form1"改为"frmMain"，如图 14-2、图 14-3 所示。

（3）修改 frmMain 的 Text 属性，将窗体的标题改为"无标题 - 记事本"。

（4）修改 frmMain 的 ico 属性，为 frmMain 指定图标。可以在百度上搜索记事本程序图标的图片，这些图片一般不是 ico 格式的，可以通过 http://converticon.com/ 网站将图片进行格式转换，也可以通过工具软件将 Windows 操作系统自带的记事本程序中的图标提取出来。

（5）按 F5 执行程序，可以看见一个空白的窗体，如图 14-4 所示。

图 14-2　解决方案资源管理器

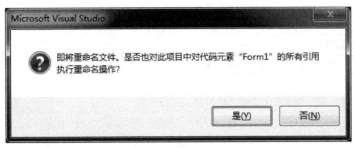

图 14-3　完成重命名

图 14-4　空白窗体

2. 准备程序菜单

（1）从工具栏里拖动一个 MenuStrip 控件到窗体内，将 Menu 中第一项的 Text 属性修改为"文件 (&F)"。这样菜单的第一项就准备好了。

（2）文件菜单的第一项是"新建"，将第一项的 Text 属性修改为"新建 (&N)"。然后将该菜单项的 ShotcutKeys 属性修改为"Ctrl+N"。窗体如图 14-5 所示，是不是和系统自带的很像？

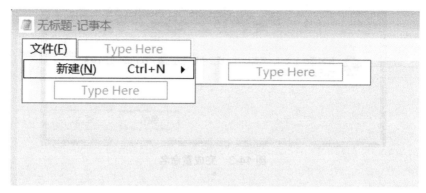

图 14-5　创建"新建"菜单栏

（3）重复步骤（2），创建"文件"菜单栏中的其他项。图 14-6 中这些分隔线是怎么出来的呢？很简单，在菜单项中，Text 属性只填写一个减号，出来的就是这个效果。

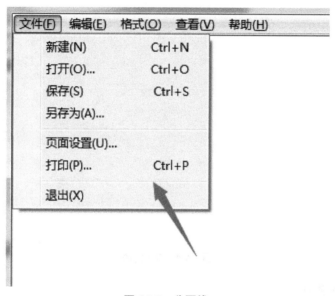

图 14-6　分隔线

（4）重复步骤（1）～步骤（3），创建"编辑""格式""查看""帮助"菜单栏。

（5）将"编辑"菜单栏中的"撤销""剪切""复制""粘贴""删除""查找""查找下一个""转到"菜单项的 Enabled 属性设置为"False"，这样在程序开始时，这些菜单项就是灰色不可选的。

（6）将"格式"菜单栏中"自动换行"项的 Checked 属性和 CheckOnClick 属性设置为"True"。

3. 准备工具栏

（1）记事本的工具栏只在非自动换行模式下才显示出来。向窗体里加入 StatusStrip 控件，窗体下部出现一个状态控件，在下拉列表中选择"StatusLabel"，如图 14-7 所示。

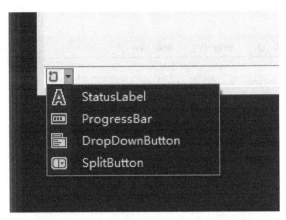

图 14-7　状态控件的"StatusLabel"选项

（2）设置新增的状态标签控件的 Name 属性、Text 属性、Margin 属性，如表 14-1 所示。

表 14-1　状态标签控件属性设置

Name	toolStripStatusLabel_Message
Text	第 1 行, 第 0 列
Margin	100,3,0,2

（3）将整个 StatusStrip 控件的 Visible 属性设置为"False"。

（4）创建编辑控件，将一个 TextBox 控件加入 frmMain，设置属性如表 14-2 所示。

表 14-2　TextBox 控件属性设置

Name	txtMainContent
Multiline	True
Dock	Fill
Font	宋体, 16pt
ScrollBars	Vertical

（5）运行程序并查看界面，好像边界和原版的不一样？没关系，可以设定 frmMain 的 Padding 属性为"5,5,5,5"。这样看上去就几乎一模一样了（图 14-8），很酷不是吗？

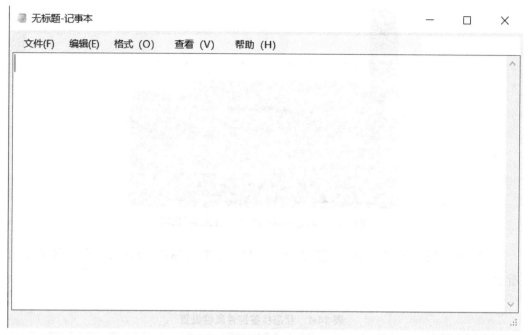

图 14-8　记事本窗体

4. 代码编写

至此,窗体界面的外观基本完成了,下面是内部代码的编写。

1)创建控件特定事件的代码

如果想要编写控件特定事件的代码,以菜单项"文件"→"新建"举例,操作过程如下。

(1)在设计器中选择"新建"菜单项,在其属性窗口中单击"事件"按钮,双击"Click"事件后的输入框,如图 14-9 所示。

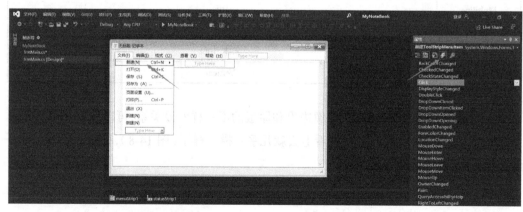

(a)

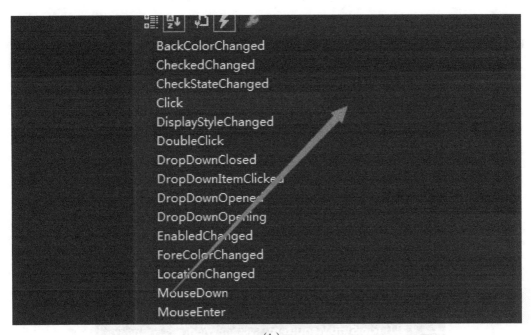

（b）

图 14-9　控件特定事件

（a）单击"事件"按钮　（b）双击"Click"事件后的输入框

（2）弹出代码窗口（图 14-10），系统已经完成了函数体，只需要在其中填写相应的代码即可。

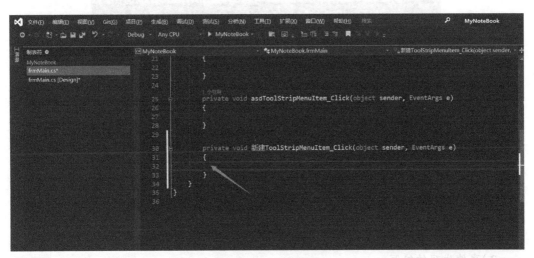

图 14-10　代码窗口

需要说明的是，以上过程也可以通过双击"新建"菜单项来快速实现。实际上，每个控件都有一个最常用的缺省事件，如果双击一个控件，就会自动弹出相应的缺省事件处理程序。

有时有些控件在设计器里不好找,也可以通过属性窗口中的下拉列表来选择(图 14-11),但是控件比较多的时候,这样的操作就不太方便了。

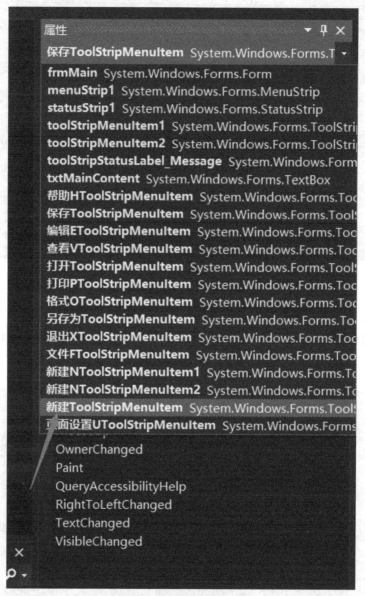

图 14-11　属性窗口中的下拉框

2)事件代码的编写

(1)为 frmMain 建立一个属性,存储文件名。由于该属性不属于任何事件,所以直接在 frmMain 类中定义:

　　　/// <summary>

　　　/// 文件名属性,用于存储文件名

```
/// </summary>
private string mfileName;
public string fileName
{
    get
    {
        return mfileName;
    }
    set
    {
        mfileName = value;
        if (!string.IsNullOrEmpty(value))
            this.Text = string.Format("{0} - 记事本 ", mfileName);
        else
            this.Text = " 无标题 - 记事本 ";
    }
}
```

这段代码涉及一些面向对象的知识,简单来讲就是 frmMain 增加了一个 string 的属性,可以随时读取,并且当这个属性改变时,窗体的标题也同时改变。

(2)建立"新建"菜单的 Click 事件响应程序:

```
/// <summary>
/// 新建菜单项响应程序
/// </summary>
/// <param name="sender"></param>
/// <param name="e"></param>
private void 新建 ToolStripMenuItem_Click(object sender, EventArgs e)
{
    // 设置文本内容为空
    this.txtMainContent.Text = "";
    this.fileName = "";
}
```

(3)建立"打开文件"菜单项的 Click 事件响应程序:

```
/// <summary>
/// 打开文件菜单项响应程序
```

```
/// </summary>
/// <param name="sender"></param>
/// <param name="e"></param>
private void 打开 OToolStripMenuItem_Click(object sender, EventArgs e)
{
    try
    {
        OpenFileDialog openFileDialog = new OpenFileDialog();
        openFileDialog.Title = " 打开文本文件 ";
        openFileDialog.FileName = "*.txt";
        if (openFileDialog.ShowDialog() == DialogResult.OK)
        {
            FileStream fileStream = new FileStream(openFileDialog.FileName,
FileMode.Open);
            StreamReader streamReader = new StreamReader(fileStream,
Encoding.Default);
            this.txtMainContent.Text = streamReader.ReadToEnd();
            streamReader.Close();
            fileStream.Close();
            /// 更新存储的文件名
            this.fileName = openFileDialog.FileName;
        }
    }
    catch (Exception ex)
    {
        MessageBox.Show(ex.Message);
    }
}
```

如果在 FileStream 等单词下方出现红色的波浪,就在程序最开始的地方加上空间引用:

using System.IO;

（4）建立"另存为"菜单项的 Click 事件响应程序:

```
/// <summary>
/// 文件另存为响应程序,如果未保存的新文件也可调用该程序
```

```
/// </summary>
/// <param name="sender"></param>
/// <param name="e"></param>
private void 另存为 ToolStripMenuItem_Click(object sender, EventArgs e)
{
        try
        {
                SaveFileDialog saveFileDialog = new SaveFileDialog();
                saveFileDialog.Title = " 保存文本文件 ";
                saveFileDialog.FileName = "*.txt";
                if (saveFileDialog.ShowDialog() == DialogResult.OK)
                {
                        FileStream filestream = new FileStream(saveFileDialog.FileName,
FileMode.Create);
                        StreamWriter streamWriter = new StreamWriter(filestream, Encoding.
Default);
                        streamWriter.Write(this.txtMainContent.Text);
                        streamWriter.Close();
                        filestream.Close();
                        /// 更新存储的文件名
                        this.fileName = saveFileDialog.FileName;
                }
        }
        catch (Exception ex)
        {
                MessageBox.Show(ex.Message);
        }
}
```

（5）建立"保存"菜单项的 Click 事件响应程序。要注意区分文件名已存在和不存在的情况：如果文件名已存在，则保存为该文件名；如果文件名不存在，则调用"另存为"菜单响应程序：

```
/// <summary>
/// 保存菜单处理程序
/// </summary>
```

```
        /// <param name="sender"></param>
        /// <param name="e"></param>
        private void 保存 ToolStripMenuItem_Click(object sender, EventArgs e)
        {
            if (string.IsNullOrEmpty(this.fileName))
                另存为 ToolStripMenuItem_Click(null, null);    // 文件名不存在直接调
用另存为
            else
                try
                {
                    /// 文件名存在, 直接存盘
                    FileStream filestream = new FileStream(this.fileName,
FileMode.Create);
                    StreamWriter streamWriter = new StreamWriter(filestream,
Encoding.Default);
                    streamWriter.Write(this.txtMainContent.Text);
                    streamWriter.Close();
                    filestream.Close();
                }
                catch (Exception ex)
                {
                    MessageBox.Show(ex.Message);
                }
        }
```

现在,文件读写相关功能已经基本完成了。

(6)向 frmMain 设计器中添加 PrintDocument 控件、PageSetupDialog 控件和 PrintDia-log 控件,并设置 PageSetupDialog 控件和 PrintDialog 控件的 Document 属性为"printDoc-ument1"。添加后的窗体界面效果如图 14-12 所示。

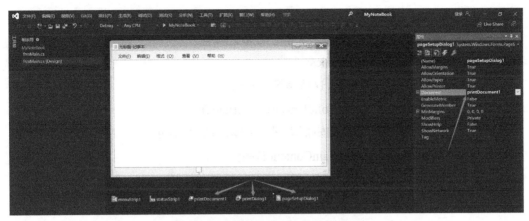

图 14-12　添加控件后窗体界面效果

（7）编写"页面设置"菜单项的响应程序：

/// <summary>

/// 页面设置响应程序

/// </summary>

/// <param name="sender"></param>

/// <param name="e"></param>

private void 页面设置 ToolStripMenuItem_Click(object sender, EventArgs e)

{

　　this.pageSetupDialog1.ShowDialog();

}

很简单，不是吗？按 F5 运行一下，"页面设置"对话框就显示出来了，效果和原版几乎一样，酷！

（8）编写 printDocument1 控件的 PrintPage 事件响应程序：

/// <summary>

/// 文档打印程序

/// </summary>

/// <param name="sender"></param>

/// <param name="e"></param>

private void printDocument1_PrintPage(object sender,

System.Drawing.Printing.PrintPageEventArgs e)

{

　　/// 将文档内容打印出来，出于简化的目的，这里只打印第一页的内容，

```
// 多页打印的问题,请同学们自己解决
                ///Graphics 可以理解为打印时的那支画笔
                Graphics g = e.Graphics;
                /// 打印的画刷设置,这些是黑色实线
                Brush brush = new SolidBrush(Color.Black);
                /// 打印字体,使用编辑框里同一字体,包括大小也一样
                Font font = this.txtMainContent.Font;
                g.DrawString(this.txtMainContent.Text,
                    font,
                    brush,
                    new RectangleF(0,0,e.PageBounds.Width,e.PageBounds.Height));
        }
```

（9）编写"打印"菜单项的响应程序:

```
        /// <summary>
        /// 打印菜单响应程序
        /// </summary>
        /// <param name="sender"></param>
        /// <param name="e"></param>
        private void 打印 ToolStripMenuItem_Click(object sender, EventArgs e)
        {
            if (this.printDialog1.ShowDialog() == DialogResult.OK)
            {
                /// 将打印设置传给打印文档
                this.printDocument1.PrinterSettings = this.printDialog1.PrinterSettings;
                /// 将页面设置传给打印文档
                this.printDocument1.DefaultPageSettings =
        this.pageSetupDialog1.PageSettings;
                /// 开始打印
                this.printDocument1.Print();
            }
        }
```

（10）编写"退出"菜单项的响应程序:

```
        /// <summary>
```

```
/// 退出菜单的响应程序
/// </summary>
/// <param name="sender"></param>
/// <param name="e"></param>
private void 退出 ToolStripMenuItem_Click(object sender, EventArgs e)
{
    this.Close();
}
```

现在，第一列菜单栏中的所有功能都已经完成了。

（11）编写"撤销"菜单项的响应程序。撤销功能有点复杂，需要用到栈数据类型，原理就是定义一个全局的栈，将每次修改的内容压栈，当用户撤销时，用弹栈的方式，恢复以前的内容。相关代码如下：

```
/// <summary>
/// 文件内容堆栈
/// </summary>
public Stack<string> contentStack { get; set; }

public frmMain()
{
    InitializeComponent();
    /// 初始化栈，这是使用前必须的
    this.contentStack = new Stack<string>();
}


/// <summary>
/// txtMainContent 的 TextChanged 事件响应程序，将改变的内容压入栈
/// </summary>
/// <param name="sender"></param>
/// <param name="e"></param>
private void txtMainContent_TextChanged(object sender, EventArgs e)
{
    this.contentStack.Push(this.txtMainContent.Text);
    this. 撤销 ToolStripMenuItem.Enabled = (this.contentStack.Count > 0);
```

```
        }

        /// <summary>
        /// 撤销菜单响应程序
        /// </summary>
        /// <param name="sender"></param>
        /// <param name="e"></param>
        private void 撤销 ToolStripMenuItem_Click(object sender, EventArgs e)
        {
            if (this.contentStack.Count > 0)
                this.contentStack.Pop();
            if (this.contentStack.Count > 0)
                this.txtMainContent.Text = this.contentStack.Pop();
        }
```

后两个函数都是事件响应程序,所对应的事件请查看注释。实际上,还应该在打开文件和新建文件的程序中添加清空栈的功能,这些代码自己完成。

(12)实现剪切板的相关功能。剪切板也称剪贴板(ClipBoard),是操作系统内存中的一块特殊区域,一般程序都可以向它写入几乎任何内容,也可以读取其中的数据。相关代码如下:

```
        /// <summary>
        /// 键盘按键事件,由于没有 SelectionChanged 事件,只能采用这个事件
        /// </summary>
        /// <param name="sender"></param>
        /// <param name="e"></param>
        private void txtMainContent_KeyDown(object sender, KeyEventArgs e)
        {
            CheckSelection();
        }


        /// <summary>
        /// 鼠标抬起事件,由于没有 SelectionChanged 事件,只能采用这个事件
        /// </summary>
        /// <param name="sender"></param>
        /// <param name="e"></param>
```

```csharp
private void txtMainContent_MouseUp(object sender, MouseEventArgs e)
{
    CheckSelection();
}


/// <summary>
/// 检查文本框中的选择文字的状态，决定菜单项的可用性
/// </summary>
private void CheckSelection()
{
    /// 剪切板中有文字
    if (Clipboard.ContainsText())
    {
        this. 粘贴 ToolStripMenuItem.Enabled = true;
    }
    else
    {
        this. 粘贴 ToolStripMenuItem.Enabled = false;
    }

    if (this.txtMainContent.SelectedText == "")
    {
        /// 没有选择的文字
        this. 剪切 ToolStripMenuItem.Enabled = false;
        this. 复制 ToolStripMenuItem.Enabled = false;
        this. 删除 ToolStripMenuItem.Enabled = false;
    }
    else
    {
        /// 有选择的文字
        this. 剪切 ToolStripMenuItem.Enabled = true;
        this. 复制 ToolStripMenuItem.Enabled = true;
        this. 删除 ToolStripMenuItem.Enabled = true;
    }
```

```
        }

        /// <summary>
        /// 剪切菜单项处理程序
        /// </summary>
        /// <param name="sender"></param>
        /// <param name="e"></param>
        private void 剪切ToolStripMenuItem_Click(object sender, EventArgs e)
        {
            if (this.txtMainContent.SelectedText != "")
            {
                Clipboard.SetText(this.txtMainContent.SelectedText);
                this.txtMainContent.SelectedText = "";
                CheckSelection();
            }
        }

        /// <summary>
        /// 复制菜单项处理程序
        /// </summary>
        /// <param name="sender"></param>
        /// <param name="e"></param>
        private void 复制ToolStripMenuItem_Click(object sender, EventArgs e)
        {
            if (this.txtMainContent.SelectedText != "")
            {
                Clipboard.SetText(this.txtMainContent.SelectedText);
                CheckSelection();
            }
        }

        /// <summary>
        /// 粘贴菜单项处理程序
        /// </summary>
```

```
/// <param name="sender"></param>
/// <param name="e"></param>
private void 粘贴 ToolStripMenuItem_Click(object sender, EventArgs e)
{
    string strInsertText = Clipboard.GetText();
    this.txtMainContent.SelectedText = strInsertText;
}


/// <summary>
/// 删除菜单项处理程序
/// </summary>
/// <param name="sender"></param>
/// <param name="e"></param>
private void 删除 ToolStripMenuItem_Click(object sender, EventArgs e)
{
    this.txtMainContent.SelectedText = "";
}
```

（13）实现查找的相关功能。首先设计一个新的窗体，然后调用这个窗体，并实现窗体之间的信息交互。

①增加一个新的窗体。在解决方案资源管理器中，选择当前的项目 MyNoteBook。注意，一定要选择 Project 而不是选择解决方案。单击鼠标右键，在菜单中选择"添加"→"窗体（Windows 窗体）"，如图 14-13 所示。在弹出的对话框中，修改文件名称为"frmSearch.cs"，单击"添加"，完成新窗体的创建。

②实现新窗体的调用。首先将窗体 frmSearch 实例化，然后调用实例的 Show() 方法或 ShowDialog() 方法，相关代码如下：

```
frmSearch frm = new frmSearch();
frm.Show();
```

这两种方法都可以弹出新的窗体，区别在于 Show() 方法是非模式，ShowDialog() 方法是模式。读者可以上网查一下相关资料。

简单来讲，Show() 方法调出窗体后，调用程序会继续向下执行，例如：

```
frmSearch frm = new frmSearch();
frm.Show();
MessageBox.Show(" 窗体已经弹出 ");
```

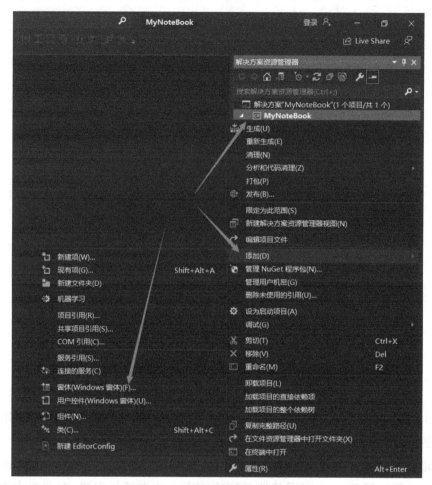

图 14-13   添加 Windows 窗体

在新窗体被弹出后，马上会执行 "MessageBox.Show(" 窗体已经弹出 ")"，这时弹出的窗体处于运行状态，计算机屏幕上 frmMain 窗体和 frmSearch 窗体同时存在，用户可同时操作这两个窗体。

ShowDialog() 方法调出窗体后，调用程序不会继续向下执行，例如：

frmSearch frm = new frmSearch();

frm.ShowDialog();

MessageBox.Show(" 窗体已经关闭 ");

在 "frm.ShowDialog()" 执行结束后弹出一个窗体，这时，上一段代码就停止了。frm-Search 窗体被打开且可以操作，但 frmMain 窗体在 frmSearch 窗体背后且不可操作。直到用户关闭了 frmSearch 窗体，第三行代码才可以执行，frmMain 窗体又可以操作了。

模式窗体和非模式窗体的应用场景有相当大的区别，同学们要仔细思考，慎重选择。

③实现窗口间信息的传递。实现这种功能的方法很多，这里给大家介绍一些简单的、

适用范围比较广的方法。

　　如果 frmMain 窗体要向 frmSearch 窗体传递一个参数,比如一个 string 类型的数据,可以在 frmSearch 窗体中建立一个 Public 的 string 类型的属性,例如:

```
public partial class frmSearch : Form
{
    /// <summary>
    /// 公共参数,用于窗体间传参
    /// </summary>
    private string mstrMyText;
    public string strMyText
    {
        get
        {
            return mstrMyText;
        }
        set {
            mstrMyText = value;
            /// 根据参数的变化,要执行的代码可以写在这里
        }
    }

    public frmSearch()
    {
        InitializeComponent();
    }
}
```

　　在实例化窗体后显示窗体前,在 frmMain 窗体中设置这一属性:

```
frmSearch frm = new frmSearch();
frm.strMyText = "Hello World!";
frm.Show();
```

　　这样,主窗体向被调用窗体传参就完成了。

　　frmSearch 窗体向 frmMain 窗体传递消息相对复杂,需要用到委托和代理的相关知识。frmSearch 窗体的相关代码如下:

```
// 委托类型声明
```

```
public delegate void searchString(string strSearchText);
// 事件声明
public event searchString Search;

private void btn 查询 _Click(object sender, EventArgs e)
{
    Search("test");
}
```

frmMain 中相关代码如下：

```
private void 查找 ToolStripMenuItem_Click(object sender, EventArgs e)
{
    frmSearch frm = new frmSearch();
    frm.Search += frm_Search;
    frm.strMyText = "Hello World!";
    frm.Show();
}


void frm_Search(string strSearchText)
{
    // 参数 strSearchText 里就是传回来的查询内容,可以在这里写相关响应程
序
}
```

这样可以使 frmSearch 窗体激发 Search() 事件,使 frmMain 中的 frm_Search 函数运行,并将参数传递回 frmSearch。

(14)设置相应菜单项的 Enabled 属性,参考代码如下：

```
/// <summary>
/// txtMainContent 的 TextChanged 事件响应程序,将改变的内容压入栈
/// </summary>
/// <param name="sender"></param>
/// <param name="e"></param>
private void txtMainContent_TextChanged(object sender, EventArgs e)
{
    this.contentStack.Push(this.txtMainContent.Text);
```

```
        this. 撤销 ToolStripMenuItem.Enabled = (this.contentStack.Count > 0);
        // 文本改变要进行检查
        CheckText();
    }


    /// <summary>
    /// 检查文本,决定查询相应菜单项的 Enabled 属性
    /// </summary>
    private void CheckText()
    {
        this. 查找 ToolStripMenuItem.Enabled = (this.txtMainContent.Text != "");
        this. 查找下一个 ToolStripMenuItem.Enabled = (this.txtMainContent.Text
!= "");
    }
```

（15）按前面步骤,在项目中添加 frmSearch 窗体,并按照表 14-3 修改属性。

表 14-3　修改 frmSearch 窗体属性

属性名	属性值	说明
Text	查找	窗体标题
StartPosition	CenterParent	窗体起始位置
TopMost	True	保持窗体在最上面,不被主窗体遮盖
Size	400,130	窗体尺寸
FormBorderStyle	FixedToolWindow	窗体边框样式

向 frmSearch 窗体填加控件,如图 14-14 所示。

图 14-14　向 frmSearch 窗体填加控件

“查找”窗体相应的控件属性如表 14-4 所示。

表 14-4 "查找"窗体控件属性

控件名称	控件 Text 属性	控件类型
lblContent	查找内容	Lable
txtSearch	输入框	TextBox
ckbCase	区分大小写	CheckBox
grbDirection	方向	GroupBox
rdbUp	向上	RadionButton
rdbDown	向下	RadionButton
btnSearch	查找下一个	Button
btnCancle	取消	Button

"查找"窗体的相关代码如下：

```csharp
public partial class frmSearch : Form
{

    // 委托类型声明
    public delegate void searchString(string strSearchText,bool IsUp,bool IsCaseSensitive);
    // 事件声明
    public event searchString Search;

    public frmSearch()
    {
        InitializeComponent();
    }

    /// <summary>
    /// 取消按钮响应程序,关闭窗体
    /// </summary>
    /// <param name="sender"></param>
    /// <param name="e"></param>
    private void btnCancle_Click(object sender, EventArgs e)
    {
        this.Close();
    }
```

```
/// <summary>
/// 查询一下个按钮响应程序
/// </summary>
/// <param name="sender"></param>
/// <param name="e"></param>
private void btnSearch_Click(object sender, EventArgs e)
{
    if (this.txtSearch.Text != "")
    {
        Search(this.txtSearch.Text,
            this.rdbUp.Checked,
            this.ckbCase.Checked);
    }
}
```

（16）完成 frmMain 的相关代码，参考代码如下：

```
/// <summary>
/// 查询窗口，设为属性是为了防止重复开这一窗口
/// </summary>
private static frmSearch frmsearch { get; set; }

private void 查找 ToolStripMenuItem_Click(object sender, EventArgs e)
{
    frmsearch = new frmSearch();
    frmsearch.Search += frm_Search;
    frmsearch.Show();
}


/// <summary>
/// 用于存储查询条件的结构
/// </summary>
public struct SearchContent
{
```

```csharp
        public string text;
        public bool IsUp;
        public bool IsCaseSensitive;

        public SearchContent(string strSearchText, bool mIsUp, bool mIsCaseSensitive)
        {
            text = strSearchText;
            IsUp = mIsUp;
            IsCaseSensitive = mIsCaseSensitive;
        }
    }

    public SearchContent searchContent { get; set; }

    /// <summary>
    /// 当 frmSearch 激发查询时的响应程序
    /// </summary>
    /// <param name="strSearchText"></param>
    /// <param name="IsUp"></param>
    /// <param name="IsCaseSensitive"></param>
    private void frm_Search(string strSearchText, bool IsUp, bool IsCaseSensitive)
    {
        /// 先将查询条件存储起来
        this.searchContent = new SearchContent(strSearchText, IsUp,
    IsRestrictedWindow);
        /// 开始查询
        searchNext();
    }

    /// <summary>
    /// 搜索功能
    /// </summary>
    private void searchNext()
    {
```

/// 搜索结果的位置
int intAns = -1;

/// 光标所在位置
int indexNow;
/// 要搜索的字串是光标前还是光标后，由 searchContent.IsUp 决定
if (this.searchContent.IsUp)
{
　　/// 向上搜索
　　indexNow = this.txtMainContent.SelectionStart;
　　string strSearchString=this.txtMainContent.Text.Substring(0,indexNow);
　　/// 大小写是否敏感问题
　　if (this.searchContent.IsCaseSensitive)
　　　　intAns = strSearchString.LastIndexOf(this.searchContent.text,
StringComparison.CurrentCulture);
　　else
　　　　intAns = strSearchString.LastIndexOf(this.searchContent.text,
StringComparison.CurrentCultureIgnoreCase);
}
else
{
　　/// 向下搜索
　　indexNow = this.txtMainContent.SelectionStart + this.txtMainContent.
SelectionLength;
　　string strSearchString = this.txtMainContent.Text.Substring(indexNow);
　　/// 大小写是否敏感问题
　　if (this.searchContent.IsCaseSensitive)
　　　　intAns = strSearchString.IndexOf(this.searchContent.text,
StringComparison.CurrentCulture);
　　else
　　　　intAns = strSearchString.IndexOf(this.searchContent.text,
StringComparison.CurrentCultureIgnoreCase);
}
if(intAns<0)

```
                MessageBox.Show(string.Format(" 找不到 "{0}" ",searchContent.text));
                // 没找到
            else
            {
                /// 激活本窗口,不然无法显示搜索结果
                this.Activate();
                /// 如果是向下搜索,需要加上光标开始时的坐标
                if(!searchContent.IsUp)
                    intAns+=indexNow;
                /// 设定搜索结果
                this.txtMainContent.SelectionStart = intAns;
                this.txtMainContent.SelectionLength = this.searchContent.text.Length;
            }
        }


        /// <summary>
        /// 查找下一个菜单项响应程序
        /// </summary>
        /// <param name="sender"></param>
        /// <param name="e"></param>
        private void 查找下一个 ToolStripMenuItem_Click(object sender, EventArgs e)
        {
            if (! string.IsNullOrEmpty(this.searchContent.text))
                searchNext();
            else
                查找 ToolStripMenuItem_Click(null, null);    // 如果没有开始过搜索,则
        直接调用搜索菜单程序
        }
```

(17)实现"全选"和"时间"菜单项功能,相关代码如下:

```
        /// <summary>
        /// 全选功能,如果明白了上面的 SelectionStart 和 SelectionLength,这里就很简单了
        /// </summary>
        /// <param name="sender"></param>
        /// <param name="e"></param>
```

```
private void 全选 ToolStripMenuItem_Click(object sender, EventArgs e)
{
    this.txtMainContent.SelectionStart = 0;
    this.txtMainContent.SelectionLength = this.txtMainContent.Text.Length;
}


/// <summary>
/// 时间日期菜单项响应程序,就是将当前时间插入光标位置
/// </summary>
/// <param name="sender"></param>
/// <param name="e"></param>
private void 时间日期 ToolStripMenuItem_Click(object sender, EventArgs e)
{
    this.txtMainContent.SelectionLength = 0;
    this.txtMainContent.SelectedText = System.DateTime.Now.ToString();
    this.txtMainContent.SelectionLength = 0;
}
```

（18）实现"自动转行"菜单项功能,相关代码如下:

```
/// <summary>
/// 自动换行切换响应程序
/// </summary>
/// <param name="sender"></param>
/// <param name="e"></param>
private void 自动换行 ToolStripMenuItem_CheckedChanged(object sender, EventArgs e)
{
    if (this. 自动换行 ToolStripMenuItem.Checked)
    {
        /// 自动换行状态
        this. 转到 ToolStripMenuItem.Enabled = false;
        this. 状态栏 ToolStripMenuItem.Checked = false;
        this. 状态栏 ToolStripMenuItem.Enabled = false;
        /// 自动换行
        this.txtMainContent.WordWrap = true;
```

```
        /// 输入区只包括纵向滚动条
        this.txtMainContent.ScrollBars = ScrollBars.Vertical;
    }
    else
    {
        /// 不自动换行状态
        this. 转到 ToolStripMenuItem.Enabled = true;
        this. 状态栏 ToolStripMenuItem.Enabled = true;
        /// 不自动换行
        this.txtMainContent.WordWrap = false;
        /// 输入区包括双向滚动条
        this.txtMainContent.ScrollBars = ScrollBars.Both;
    }
}


/// <summary>
/// 状态栏菜单项响应程序, 切换状态栏可见
/// </summary>
/// <param name="sender"></param>
/// <param name="e"></param>
private void 状态栏 ToolStripMenuItem_CheckedChanged(object sender, EventArgs e)
{
    this.statusStrip1.Visible = this. 状态栏 ToolStripMenuItem.Checked;
}
```

　　切换正常, 功能都完成了, 但是窗体下方出现一个问题——状态栏显示的行列数不正确。由于 TextBox 控件没有提供相应的属性, 所以只能通过代码计算。

　　在函数 CheckSelection 后添加以下代码:

```
/// 计算光标行列数, 显示在状态栏里
///strLeft 为光标前的字串
string strLeft = this.txtMainContent.Text.Substring(0,
this.txtMainContent.SelectionStart);

strLeft = "\r\n" + strLeft;
/// 最后一个回车出现的位置
```

```
int lastIndex = strLeft.LastIndexOf('\n');
/// 光标在本行内所在的列数
int intCol = this.txtMainContent.SelectionStart - lastIndex+1;
/// 计算行数要数前面的回车数量
var arrayString = strLeft.Split('\n');
int intRow = arrayString.Length - 1;
/// 设置显示
this.toolStripStatusLabel_Message.Text = string.Format(" 第 {0} 行, 第 {1} 列 ",
intRow, intCol);
```

至此"自动换行"菜单项的相关工作就完成了,结果令人满意。

(19)实现"转到"菜单项功能。"转到"菜单项功能和"查找"菜单项功能类似,都需要添加一个新窗体。不同的是这次调用窗体要采用模式方式,传递参数的方法也有所不同。

向项目中添加一个 frmGoTo 窗体,为 frmGoTo 窗体添加控件并设置属性,窗体效果如图 14-15 所示。

图 14-15 向 frmGoTo 窗体添加控件

"转到指定行"窗体的相关代码如下:

```
public partial class frmGoTo : Form
{
    public frmGoTo()
    {
        InitializeComponent();
    }

    /// <summary>
    /// 取消按钮响应程序
    /// </summary>
```

```
/// <param name="sender"></param>
/// <param name="e"></param>
private void btn 取消 _Click(object sender, EventArgs e)
{
    this.Close();
}


private void btn 转到 _Click(object sender, EventArgs e)
{
    this.DialogResult = DialogResult.OK;
    this.Tag = this.txtLine.Text;
    this.Close();
}
}
```

这里设置 DialogResult 是为了通知 frmMain 窗体我们单击的是 "转到" 按钮, 设置 Tag 是为了传递参数, 因为 frmMain 窗体不能直接读取 TextBox 中的内容。

完成转到菜单项的响应程序:

```
/// <summary>
/// 转到菜单项响应程序
/// </summary>
/// <param name="sender"></param>
/// <param name="e"></param>
private void 转到 ToolStripMenuItem_Click(object sender, EventArgs e)
{
    frmGoTo frm = new frmGoTo();
    if (frm.ShowDialog() == DialogResult.OK)
    {
        int intLine;
        if(int.TryParse(frm.Tag.ToString(),out intLine))     // 要防止用户输入的
不是整数
        {
            if (intLine > 0)
            {
```

```
                        int intPostion=0;
                        if (intLine > 1)
                        {
                            for (int i = 1; i < intLine; i++)
                            {
                                int intNext = this.txtMainContent.Text.IndexOf('\n',
            intPostion);

                                if (intNext >= 0)
                                {
                                    intPostion = intNext + 1;
                                }
                                else
                                    break;
                            }
                        }
                        if (intPostion >= 0)
                        {
                            /// 存在指定的行
                            this.txtMainContent.SelectionStart = intPostion;
                            this.txtMainContent.SelectionLength = 0;
                            /// 控件的内容滚动到光标位置
                            this.txtMainContent.ScrollToCaret();
                            /// 刷新状态栏显示
                            CheckSelection();
                        }
                    }
                }
            }
        }
```

代码比想象中的长，是由于无法直接得到 frmMain 窗体第 N 行的索引位置。

（20）实现"字体"菜单项功能。如果已经完成了打印功能，那么字体设置功能应该不难了。

向 frmMain 窗体内添加 FontDialog 控件，并完成以下代码：

```
/// <summary>
/// 字体菜单响应程序
/// </summary>
/// <param name="sender"></param>
/// <param name="e"></param>
private void 字体ToolStripMenuItem_Click(object sender, EventArgs e)
{
    if (this.fontDialog1.ShowDialog() == DialogResult.OK)
    {
        this.txtMainContent.Font = this.fontDialog1.Font;
    }
}
```

（21）实现"关于记事本"菜单项功能。已经完成 frmSearch 窗体的同学应该会感到很容易就可以完成这个工作,不过需要提示一下, VS2012 中有一个现成的对话窗体,比直接添加一般窗体要简单,操作步骤如下。

①在项目中添加关于对话框,命名为 frmAbout。

②在 frmMain 窗体中完成以下代码:

```
/// <summary>
/// 关于记事本菜单响应程序
/// </summary>
/// <param name="sender"></param>
/// <param name="e"></param>
private void 关于记事本ToolStripMenuItem_Click(object sender, EventArgs e)
{
    (new frmAbout()).ShowDialog();
}
```

这样各种功能就实现了,至于窗体里显示的内容,同学们可以自由发挥,最重要的一点是可以把自己的签名写在这个窗口里。很有成就感,不是吗?

至此,整个记事本只有"帮助"功能没有实现。这里不进行进一步编写,这样做有以下几个原因:

（1）Virtual Studio2012 关于帮助的解决方案十分复杂,其工作量不少于前面工作的总和;

（2）目前越来越多的程序中的"帮助"功能倾向于使用 Web 方式,记事本所采用的

CHM 方式并不常用；

（3）越来越多的程序不再提供"帮助"功能，随着人们对计算机的熟悉，初级的"帮助"功能已经变得毫无用处。

（4）继续做"帮助"功能对提高代码编写水平益处不大。

第 15 章　GUI 技术绘制时钟实验

15.1　实验目标

（1）通过实验，理解 GUI 技术，掌握在 Widows 桌面程序中进行绘图的方法。

（2）本实验要求学生在桌面窗体内绘制一个实时的图形化的时钟。

15.2　指导要点

学生在进行实验时，往往直接在窗体内写代码，项目结构杂乱。本实验要求学生按照一定的编程规范，将逻辑代码与 UI（用户界面）代码分离，这是编写更复杂项目前的必要训练。

C# 语言绘图的核心对象是 Graphics，这个内置对象可以进行非常复杂的绘图工作。在编写代码之前，要求学生提前查阅此对象的相关方法。

15.3　相关知识要点

GUI（Graphical User Interface）技术，又称为图形用户接口，是在 Widows 桌面程序中进行绘图的非常实用的技术。C# 语言提供了非常丰富的绘图函数供用户使用。对于一些特殊的显示要求，如果无法使用标准控件加以实现，那么直接绘图是非常必要的手段。

Windows 桌面程序又称窗体程序，它的一个基本特点是事件驱动，即要求每段代码必须由某个事件进行激发或调用。本次实验由于需要实时更新时钟，所以必须使用 Timer 对象定时产生事件来更新界面。

在 Windows 绘图中，闪烁是一个非常常见的问题，需要对控件的绘制方式进行设置，以防止闪烁现象的产生。

15.4　实验步骤和相关代码

1. 创建项目

（1）进入 Visual Stuidio，选择"Windows 窗体应用（.NET Framework）"创建 Windows 窗体应用项目，如图 15-1 所示。

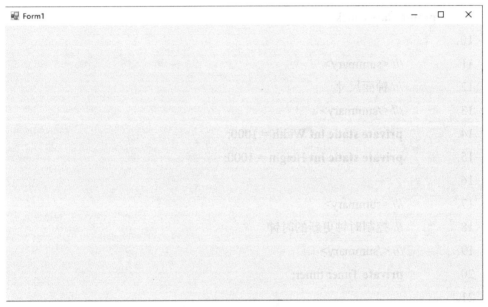

图 15-1　创建 Windows 窗体应用项目

（2）将项目命名为"MyClock"，项目创建完毕，执行后如图 15-2 所示。

图 15-2　启动窗体

2．重新组织项目

（1）将 Form1 窗体重命名为"frmMain"，在属性窗口中设置该窗体属性，如表 15-1 所示。

表 15-1　frmMain 窗体属性

属性名	属性值
Text	我的时钟
StartPosition	CenterScreen
Padding	20

（2）在项目中分别建立 Forms 和 Models 目录。

（3）在 Forms 目录中新建一个用户控件，命名为"MyUC"。

（4）在 Models 目录中分别建立四个类：Clock、HourHand、MinuteHand、SecondHand。

3．编写 Models 目录中类的代码

（1）在 Clock.cs 中完成以下代码：

1.**using** System.Drawing;

```
2.using System.Timers;
3.
4.namespace MyClock.Models
5.{
6.      /// <summary>
7.      /// 时钟主类
8.      /// </summary>
9.      public class Clock
10.     {
11.         /// <summary>
12.         /// 钟面尺寸
13.         /// </summary>
14.         private static int Width = 1000;
15.         private static int Height = 1000;
16.
17.         /// <summary>
18.         /// 控制时钟更新的时钟
19.         /// </summary>
20.         private Timer timer;
21.
22.         /// <summary>
23.         /// 三个指针
24.         /// </summary>
25.         private HourHand hourHand;
26.         private MinuteHand minuteHand;
27.         private SecondHand secondHand;
28.
29.
30.         public delegate void MyEvent();
31.         public event MyEvent Refresh;
32.
33.         /// <summary>
34.         /// 初始化,主要是时钟初始化
35.         /// </summary>
```

```
36.          public Clock() {
37.              hourHand=new HourHand();
38.              minuteHand=new MinuteHand();
39.              secondHand=new SecondHand();
40.
41.
42.              timer=new Timer();
43.              timer.Interval = 500;
44.              // 指定时钟事件的处理程序
45.              timer.Elapsed += Timer_Elapsed;
46.              timer.Start();
47.          }
48.
49.      /// <summary>
50.      /// 时钟事件,激发 Refresh 事件,通知主窗体更新界面
51.      /// </summary>
52.      /// <param name="sender"></param>
53.      /// <param name="e"></param>
54.      private void Timer_Elapsed(object sender, ElapsedEventArgs e)
55.      {
56.          Refresh();
57.      }
58.
59.      /// <summary>
60.      /// 钟面绘制程序
61.      /// </summary>
62.      /// <param name="size"> 实际控件大小 </param>
63.      /// <param name="g"> 绘制控件的 Graphics 对象 </param>
64.      public void Draw(Size size, Graphics g)
65.      {
66.              // 第一次绘图, 先建立一个 Image 对象,在此对象上绘图
67.              Image img=new Bitmap(Width, Height);
68.              Graphics _g=Graphics.FromImage(img);
69.
```

```
70.
71.            // 绘制钟面,有人直接绘制一个预制的 PhotoShop 的钟面,也是可以的
72.            _g.FillEllipse(new SolidBrush(Color.BlueViolet),0,0,Width,Height);
73.            _g.DrawEllipse(new Pen(new SolidBrush(Color.Yellow),10),0,0,Width,
Height);
74.
75.            // 坐标系移动
76.            _g.TranslateTransform(500, 500);
77.            for (int i = 0; i < 12; i++)
78.            {
79.                // 小时刻度的宽度
80.                var penWidth = i % 3 == 0 ? 5 : 2;
81.                var pen=new Pen(new SolidBrush(Color.Black),penWidth);
82.                var pt1 = new Point(0, -450);
83.                var pt2 = new Point(0, -480);
84.                _g.DrawLine(pen, pt1,pt2);
85.                _g.RotateTransform(30);
86.            }
87.            _g.ResetTransform();
88.            hourHand.Draw(_g);
89.            minuteHand.Draw(_g);
90.            secondHand.Draw(_g);
91.
92.
93.            // 第二次绘图,把 img 绘制到真正的控件中
94.            g.DrawImage(img,0,0,size.Width,size.Height);
95.        }
96.    }
97.}
```

(2)在 HourHand.cs 中完成以下代码:

```
1.using System.Drawing;
2.
3.namespace MyClock.Models
4.{
```

```
5.      /// <summary>
6.      /// 时针对象
7.      /// </summary>
8.      public class HourHand
9.      {
10.         public void Draw(Graphics g)
11.         {
12.             var hour = System.DateTime.Now.Hour;
13.             var minute = System.DateTime.Now.Minute;
14.             // 角度计算
15.             var angle = System.Convert.ToInt32((hour % 12) * 30 + minute * 0.5);
16.
17.             g.TranslateTransform(500, 500);
18.             g.RotateTransform(angle);
19.             var pen = new Pen(Color.Black, 5);
20.             g.DrawLine(pen, 0, 0, 0, -300);
21.             // 重置 Graphics 对象
22.             g.ResetTransform();
23.         }
24.     }
25.}
```

（3）在 MinuteHand.cs 中完成以下代码：

```
1.using System.Drawing;
2.
3.namespace MyClock.Models
4.{
5.      /// <summary>
6.      /// 分针对象
7.      /// </summary>
8.      public class MinuteHand
9.      {
10.         public void Draw(Graphics g)
11.         {
12.             var minute = System.DateTime.Now.Minute;
```

```
13.              // 角度计算
14.              var angle = System.Convert.ToInt32(minute * 6);
15.
16.              g.TranslateTransform(500, 500);
17.              g.RotateTransform(angle);
18.              var pen = new Pen(Color.Green, 4);
19.              g.DrawLine(pen, 0, 0, 0, −400);
20.              // 重置 Graphics 对象
21.              g.ResetTransform();
22.          }
23.      }
24.}
```

（4）在 SecondHand.cs 中完成以下代码：

```
1.using System.Drawing;
2.
3.namespace MyClock.Models
4.{
5.    /// <summary>
6.    /// 秒针对象
7.    /// </summary>
8.    public class SecondHand
9.    {
10.          public void Draw(Graphics g)
11.          {
12.              var second = System.DateTime.Now.Second;
13.              // 角度计算
14.              var angle = System.Convert.ToInt32(second * 6);
15.
16.              g.TranslateTransform(500, 500);
17.              g.RotateTransform(angle);
18.              var pen = new Pen(Color.Red, 4);
19.              g.DrawLine(pen, 0, 0, 0, -400);
20.              // 重置 Graphics 对象
21.              g.ResetTransform();
```

22.　　　　}

23.　　}

24.}

（5）在 MyUC.cs 中完成以下代码：

1.**using** System;

2.**using** System.Windows.Forms;

3.

4.**namespace** MyClock.Forms

5.{

6.　　**public** partial **class** MyUC : UserControl

7.　　{

8.　　　　**public** MyUC()

9.　　　　{

10.　　　　　　// 防闪

11.　　　　　　SetStyle(ControlStyles.OptimizedDoubleBuffer, **true**);

12.　　　　　　SetStyle(ControlStyles.UserPaint, **true**);

13.　　　　　　SetStyle(ControlStyles.AllPaintingInWmPaint, **true**);

14.　　　　　　InitializeComponent();

15.　　　　}

16.

17.　　　　**private void** MyUC_Load(**object** sender, EventArgs e)

18.　　　　{

19.

20.　　　　}

21.　　}

22.}

4.编写 frmMain 中的代码

（1）先将整个项目生成一次,然后打开窗体设计窗口,在工具箱窗口中出现一个 MyUC,拖曳到 frmMain 窗体中,设置属性如表 15-2 所示。

表 15-2　MyUC 属性

属性名	属性值
Name	UcArea
Dock	Fill
BackgroundColor	Black

（2）编写 frmMain 相关代码:

```
1. using MyClock.Models;
2. using System;
3. using System.Windows.Forms;
4.
5. namespace MyClock
6. {
7.     public partial class frmMain : Form
8.     {
9.         /// <summary>
10.         /// 时钟对象
11.         /// </summary>
12.         private Clock clock;
13.
14.         public frmMain()
15.         {
16.             InitializeComponent();
17.         }
18.
19.         /// <summary>
20.         /// 窗体初始化,初始化时钟实例,并指定时钟 Refresh 事件的处理程序
21.         /// </summary>
22.         /// <param name="sender"></param>
23.         /// <param name="e"></param>
24.         private void frmMain_Load(object sender, EventArgs e)
25.         {
26.             clock = new Clock();
27.             clock.Refresh += Clock_Refresh;
28.         }
29.
30.         /// <summary>
31.         /// 时钟 Refresh 事件的处理程序
32.         /// </summary>
33.         private void Clock_Refresh()
```

```
34.        {
35.            // 强制重绘 UcArea
36.            this.UcArea.Invalidate();
37.        }
38.
39.        /// <summary>
40.        /// UcArea 的绘制事件处理程序
41.        /// </summary>
42.        /// <param name="sender"></param>
43.        /// <param name="e"></param>
44.        private void UcArea_Paint(object sender, PaintEventArgs e)
45.        {
46.            if (clock != null)
47.                clock.Draw(this.UcArea.Size, e.Graphics);
48.        }
49.    }
50.}
```

注意,frmMain 的代码不是直接抄写就可以的,frmMain.Load 事件与 UcArea 的 Paint 事件需要与控件连接起来。打开窗体设计窗口,选择"控件",在"属性"窗口中选择"事件",然后建立或选择相应的事件处理程序,如图 15-3 所示。

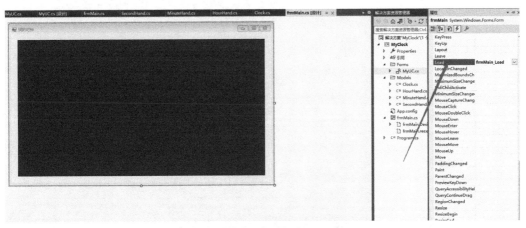

图 15-3   选择相应的事件处理程序

5. 运行程序

运行程序,顺利的话可以看到一个运行良好的时钟,如图 15-4 所示。

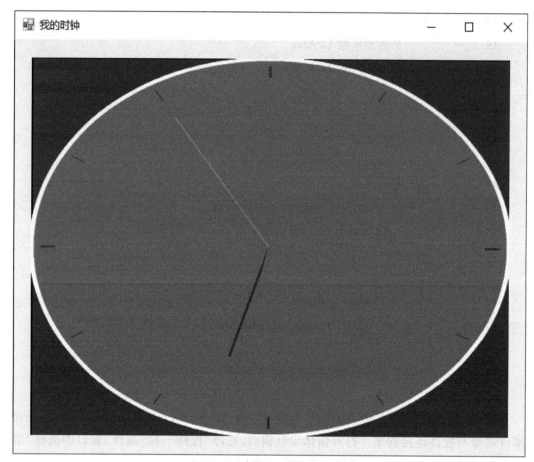

图 15-4   绘制时钟实验程序执行结果

第 16 章　MVC 架构 Web 实验

16.1　实验目标

（1）网页应用 (Web Application) 是当前信息系统最常用的表现形式，使用网页进行信息系统建设是信息专业学生必备的专业技能。通过实验，让学生掌握使用网页进行信息系统建设的方法。

（2）本实验要求学生使用 MVC 架构（Framework）连接 SQlServer 数据库，并完成数据列表。数据库名为 MyTest。Product 表结构如表 16-1 所示。

表 16-1　Product 表结构

序号	字段名	类型	长度	说明
1	Id	uniqueidentifier		主键
2	ProductName	nvarchar	50	产品名称
3	Producer	Nvarchar	50	生产厂商
4	Price	Float		价格

16.2　指导要点

本实验看似简单，但会综合考察学生使用多门课程的知识的能力，要想完全理解并正确完成本实验，必须掌握密码学、数据库原理等课程相关知识。建议同学们在按照实验步骤完成实验之后，再对过程中不理解的知识点进行扩展学习，这将对能力的提高有相当大的帮助。

在最新发布的 Virtual Studio2022 版本中已经不再提供基于 Framework 的 MVC 项目模版，所以需要学生创建基于.Net Core 的 MVC 项目模板。Virtual Studio2022 与 Virtual Studio2019 创建的项目有所不同，本实验基于 Virtual Studio2022 进行，如果要在 Virtual Studio2019 中创建项目，相关内容请查阅资料。

16.3   相关知识要点

MVC 架构是当前 Web 编程的主流架构。M(Model)、V(View)、C(Controller) 分别对应的是模型、视图和控制器。控制器在服务器后台,使用模型准备数据,将数据传递给视图进行渲染 (Render),然后再推送到用户的浏览器。

当前主流的数据库产品有 MySQL、SQLserver、Oracle 等。其中 SQLserver 作为微软公司的长期主打数据库产品,对中文有良好的支持,并且参考资料比较多,是初学者学习数据库最佳的工具之一。

依赖注入和控制反转是近十几年逐步流行的编程技术,微软也在 dotnet core 的相应模板文件中采用了这一技术。例如,在某个数据服务类中访问数据库,可以先不确定运行哪段代码,而是编写若干访问代码(比如访问 SQLserver 的或者访问 MySQL 的),在程序执行时再确定实际运行哪段代码,这样就给数据服务带来了相当大的灵活性。当然,在中小型项目中这个优点并不明显,但是在大型项目乃至于生命周期比较长的项目中,此技术的优势就非常明显了。

16.4   实验步骤和相关代码

1. 创建项目

打开 Visual Stuidio,创建空白的 MVC 项目,选择"ASP.NET Core Web 应用(模型 - 视图 - 控制器)",如图 16-1 所示。

图 16-1   创建空白的 MVC 项目

设置项目名称和目录后运行项目,可以在弹出的浏览器中看到一个基本的欢迎页面,如图 16-2 所示。

图 16-2　欢迎页面

2. 引入相关组件

（1）在 Virtual Studio 的菜单中选择"工具"→"NuGet 包管理器"→"程序包管理控制台"，打开控制台窗口，如图 16-3 所示。

图 16-3　程序包管理控制台

（2）在"PM>"提示符后，分别输入以下指令，导入数据库相关组件：

Install-Package Microsoft.EntityFrameworkCore.SqlServer

Install-Package Microsoft.EntityFrameworkCore.SqlServer.Design

Install-Package Microsoft.EntityFrameworkCore.Tools

（3）在网络联通的状态下，执行完步骤（2）的三条指令后，相应的组件（包）就安装好了，此时可以打开解决方案资源管理器，检查一下安装后的状态（图 16-4）。

图 16-4   解决方案资源管理器

3. 引入数据库

组件安装后, 可以引入数据库。本实验采用的是 Entity Framework(数据实体模型)。
在程序包管理控制台中, 输入以下指令:

Scaffold-DbContext "Server=.;Database=MyTest;Trusted_Connection=True;" Microsoft.EntityFrameworkCore.SqlServer -OutputDir Models/EF -Force

指令正常运行后, 项目的 "Models" → "EF" 目录中多了几个文件, 这几个文件就是
EF 模型(图 16-5)。

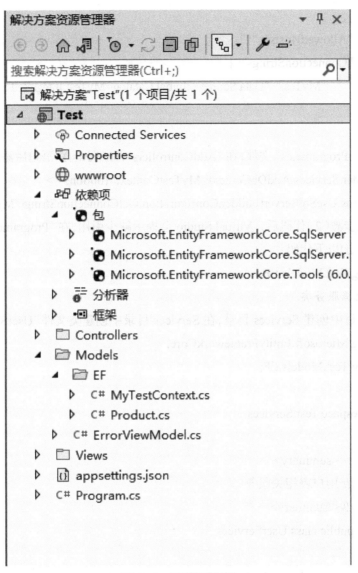

图 16-5　EF 模型创建

4. 建立数据库连接

（1）打开项目中 "appsettings.json" 文件，添加连接串：

```
{
    "Logging": {
        "LogLevel": {
            "Default": "Information",
            "Microsoft.AspNetCore": "Warning"
        }
```

```
        },
        "AllowedHosts": "*",
        "ConnectionStrings": {
            "MyTest": "Data Source=.;Initial Catalog=MyTest;Integrated Security=True;"
        }
    }
```

（2）打开 "Programe.cs" 文件，在 "AddControllersWithViews()" 语句后添加以下代码：

```
builder.Services.AddDbContext<MyTestContext>(options =>
    options.UseSqlServer(builder.Configuration.GetConnectionString("MyTest")));
```

（3）添加步骤（2）代码后，Virtual Studio 会提示缺少引用，在 "Programe.cs" 文件程序代码的首行添加以下代码：

```
using Test.Models.EF;
```

5. 创建数据服务类

（1）在项目中创建 Services 目录，在 Services 目录中创建类文件 "UserServices.cs"：

```
using Microsoft.EntityFrameworkCore;
using Test.Models.EF;

namespace Test.Services
{
    /// <summary>
    /// 用户表相关服务
    /// </summary>
    public class UserServices
    {
        private readonly MyTestContext context;

        public UserServices(MyTestContext context)
        {
            this.context = context;
        }

        /// <summary>
        /// 返回所有用户表记录
        /// </summary>
```

```
        /// <returns></returns>
        public async Task<IEnumerable<Product>> GetAllAsync()
        {
            return await context.Products.ToListAsync();
        }
    }
}
```

（2）在"Programe.cs"文件中添加服务注册：

```
builder.Services.AddScoped<UserServices>();
```

注：此处涉及控制反转与依赖注入，请同学们查阅相关资料，便于理解。

6. 建立控制器

在 Controllers 目录中创建名为"TestController.cs"的控制器：

```
using Microsoft.AspNetCore.Mvc;
using Test.Services;

namespace Test.Controllers
{
    public class TestController : Controller
    {
        private readonly UserServices userServices;

        /// <summary>
        /// 依赖注入
        /// </summary>
        public TestController(UserServices userServices)
        {
            this.userServices = userServices;
        }

        /// <summary>
        /// 列表
        /// </summary>
        /// <returns></returns>
        public async Task<IActionResult> ListAsync()
```

```
        {
            var model = await userServices.GetAllAsync();
            return View(model);
        }
    }
}
```

7. 生成视图

打开 "TestController.cs" 文件, 在 List() 函数内部单击鼠标右键, 选择"添加"→"视图", 然后按照图 16-6 的步骤完成视图的生成。

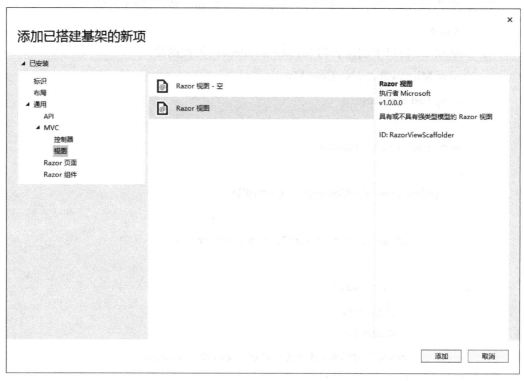

（a）

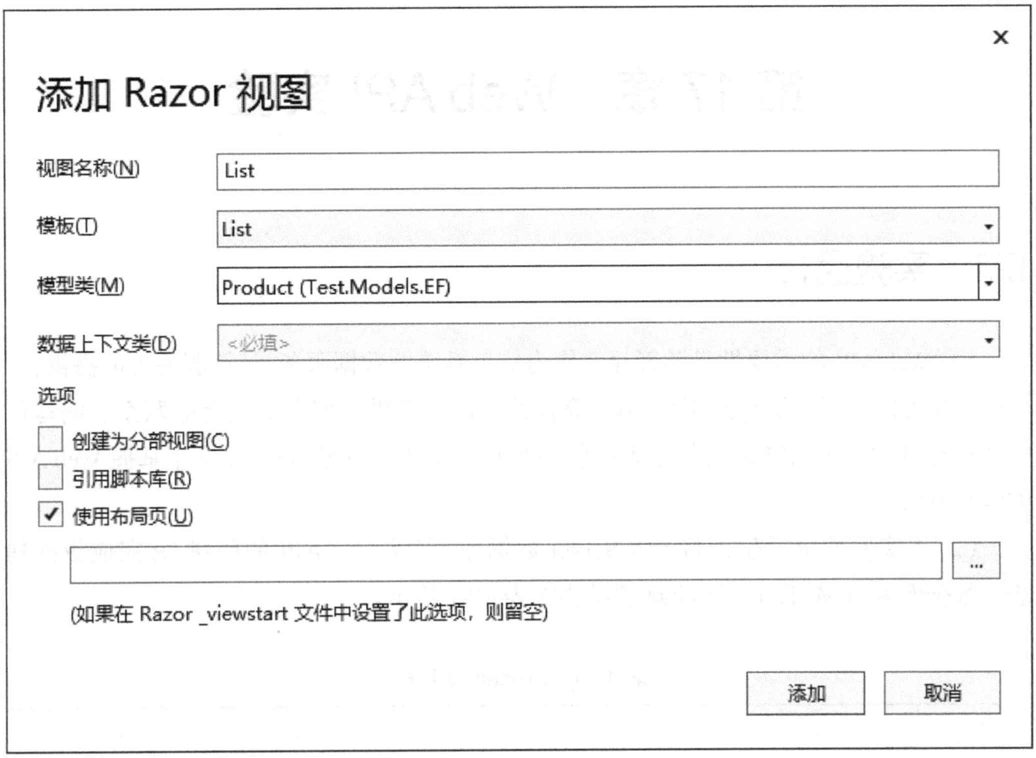

（b）

图 16-6　生成视图

（a）添加 Razor 视图　（b）完成 Razor 视图设置

8. 程序测试

使用 SSMS（SQLServer Management Studio）在用户表中增加两条数据后运行程序，在地址栏输入"http://localhost:5023/test/list"（5023 是一个随机端口，在实验中请使用自己项目生成的端口），出现列表页面（图 16-7），至此实验完成。

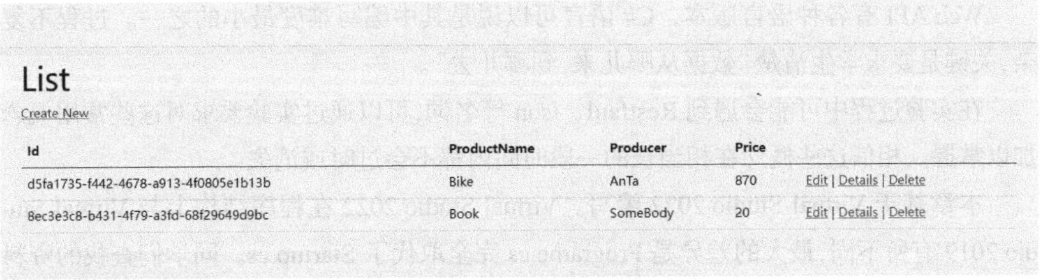

图 16-7　程序运行结果

第 17 章　Web API 实验

17.1　实验目标

（1）Web API 的重要性日益彰显。作为信息系统的数据服务、计算服务等的提供者，Web API 为网页、移动 App、桌面 App 等各种客户端提供与服务器的有效联系。编写符合通行标准的 Web API 成为信息系统的一个必要技能。通过实验，使学生掌握 Web API 的编写方法。

（2）本实验要求学生连接 SQLServer 数据库，完成一个 API 的创建，并完成数据列表。数据库名为 MyTest。Product 表结构如表 17-1 所示。

表 17-1　Product 表结构

序号	字段名	类型	长度	说明
1	Id	uniqueidentifier		主键
2	ProductName	nvarchar	50	产品名称
3	Producer	Nvarchar	50	生产厂商
4	Price	Float		价格

17.2　指导要点

Web API 有各种语言版本，C# 语言可以说是其中编写难度最小的之一。过程不复杂，关键是要求学生清楚"数据从哪儿来，到哪儿去"。

在实验过程中可能会遇到 Restfaul、Json 等名词，可以通过实验要求对这些常用概念加以掌握。相信这些概念在相当长的一段时间内都不会过时或消失。

本章基于 Virtual Studio 2022 编写。Virtual Studio 2022 在程序结构上与 Virtual Studio 2019 有所不同，最大的差异是 Programe.cs 完全取代了 Startup.cs。同学们查找的资料大部分应该还是基于 Virtual Studio 2019 的相关代码，要注意如何将这些代码移植到 Virtual Studio 2022 中。

17.3　相关知识要点

API 即应用程序接口。在 IT 领域，API 的应用十分广泛，Web API 专指通过 Web 或者 Http/https 协议提供的应用程序接口。它的优点是接口只需要 80 或 443 端口，对防火墙友好。接口程序有明确的规范，编写 Web API 和编写基于 Web API 的应用可以是完全不同的语言和程序框架，它们之间的耦合性很低。

Json 是一种非常轻量的数据交换格式，在它之前的 Xml 格式则要"重"得多，在当今互联网应用如此频繁的条件下，简单轻量成为了大家非常重视的一个优点。

17.4　实验步骤和相关代码

1.创建项目

（1）进入 Visual Stuidio，创建空白的 Web API 项目，选择"ASP.NET Core Web API"模板，如图 17-1 所示。

图 17-1　创建空白的 Web API 项目

（2）设置项目名称以及程序目录，按照如图 17-2 所示设置"其他信息"。

□ ×

其他信息

ASP.NET Core Web API   C#   Linux   macOS   Windows   云   服务   Web

框架(F) ⓘ

.NET 6.0 (长期支持)   ▾

身份验证类型(A) ⓘ

无   ▾

☐ 配置 HTTPS(H) ⓘ
☐ 启用 Docker(E) ⓘ

Docker OS ⓘ

Linux   ▾

☑ Use controllers (uncheck to use minimal APIs) ⓘ
☑ 启用 OpenAPI 支持(O) ⓘ

上一步(B)   创建(C)

图 17-2   设置其他信息

（3）运行项目，在浏览器中弹出如图 17-2 所示页面。

图 17-2   空白的 Web API 页面

图 17-2 实际是一个测试工具，叫作 Swagger，以前需要程序员编写代码自行配置，现在已经集成到项目模板中了。Swagger 就是图 17-2 中启用 OpenAPI 支持勾选的内容。

2. 连接数据库

Web API 的数据库连接与本书的"MVC 架构 Web 实验"内容相同。请参考"MVC 架构 Web 实验"第（2）~（5）步完成本实验数据库的连接。完成以后，项目如图 17-3 所示。

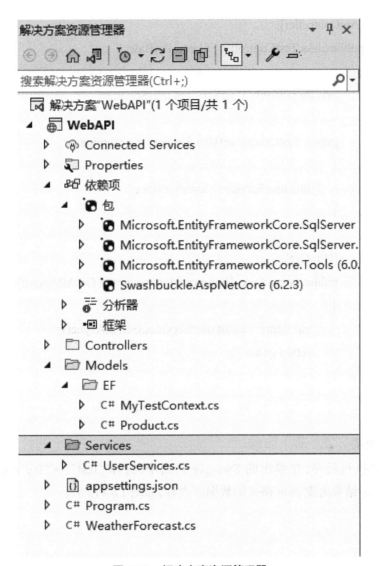

图 17-3　解决方案资源管理器

3. 建立控制器

在 Controllers 目录中新建 API 控制器，命名为 "TestController.cs"，输入以下代码：

```
using Microsoft.AspNetCore.Mvc;

using Web API.Models.EF;

using Web API.Services;


namespace Web API.Controllers

{

    [Route("api/[controller]")]
```

```
[ApiController]
public class TestController : ControllerBase
{
    private readonly UserServices userServices;

    public TestController(UserServices userServices)
    {
        this.userServices = userServices;
    }

    [HttpGet]
    public async Task<IEnumerable<Product>> GetAllAsync()
    {
        var items = await userServices.GetAllAsync();
        return items;
    }
}
```

4. 程序测试

按 F5 键执行程序，在弹出的 Swagger 页面中，选择 "Test" → "Try it out" → "Exe-cute"，Swagger 结果出现 Json 格式的数据库内容，如图 17-4 所示。

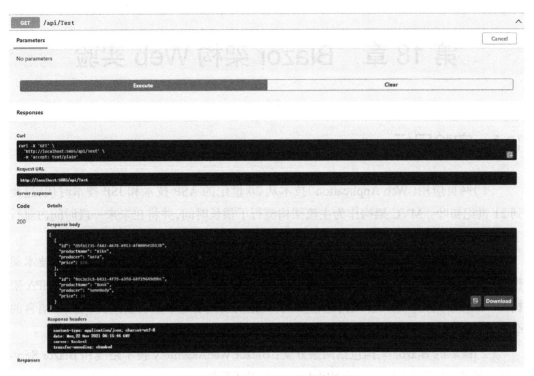

图 17-4　Web API 程序测试结果

至此，一个最简单的连接数据库的 Web API 就完成了。

第 18 章　Blazor 架构 Web 实验

18.1　实验目标

（1）网页应用（Web Application）技术从 20 世纪的 ASP 技术和 JSP 技术时代，过渡到 21 世纪初叶，MVC 架构作为主流架构流行了很长时间，并将在未来一段时间内流行下去。

另一技术架构——SPA 正逐步走向历史舞台，越来越多的开发者使用这一技术架构，代表技术为 React 架构、AngularJS 架构、Vue 架构。微软也推出了自己的 SPA 架构——Blazor 架构。Blazor 架构还在发展，真正的使用者还不多，但作为一名 C# 语言的学习者，通过 Blazor 架构学习 SPA，却是一条不错的途径。

（2）微软的 Blazor 架构包括两条分支：Blazor WebAssembly 技术路线和 Blazor Server 技术路线，本实验采用 Blazor WebAssembly 技术路线。

本实验要求学生使用 Blazor 架构（WebAssembly/wasm），连接 SQLServer 数据库，并完成数据列表的任务。数据库名：MyTest。Product 表结构如表 18-1 所示。

表 18-1　Product 表结构

序号	字段名	类型	长度	说明
1	Id	uniqueidentifier	—	主键
2	ProductName	nvarchar	50	产品名称
3	Producer	Nvarchar	50	生产厂商
4	Price	Float	—	价格

18.2　指导要点

本次实验完成的最终结果要求 MVC 实验与 Web API 复杂很多，尤其在项目模版中，微软使用了项目共享的技术，使得前台项目与后台项目共享相关模型，这对学生的理解有一定的难度。建议学生们还是遵循这样的原则，先把实验完成，达到实验要求，再回过头来理解项目过程中的各种知识点。

本章实验基于 Virtual Studio 2022 编写，使用 Virtual Studio 2019 也可以完成，但细节

有所不同,请同学们注意。

18.3　相关知识要点

1.SPA 技术

SPA(Single Page Applicationr,单页应用程序)技术的主要特点是采用浏览器端渲染而不是服务器端渲染。服务器渲染一般过程是:首先服务器调出用户请求的页面(一般是 Html 格式);然后把相关数据用 Html 认可的格式填入其中;最后将组合后的网页内容推送到客户浏览器。客户端渲染一般过程是:首先浏览器打开相关网页(来自本地或网络端);然后在浏览器中执行 Javscript 脚本,向服务器端(一般是 Web API)请求服务(比如满足某一条件的数据);最后将请求的结果反映到页面中。可以看出, SPA 技术相当多的业务是在浏览器端执行的,这样对于提高用户体验,减轻服务器压力有很好处。

2.MVVM 技术

MVVM(Model-View-ViewModel,模型 – 视图 – 视图模型)技术是一种客户端技术。MVVM 技术将用户前端页面(网页或 App 界面)与 ViewModel(视图模型)进行绑定,这种绑定是单向或者双向的。

绑定关系建立以后有两个效果:一是当用户改变了页面内容(比如向文本框输入内容),后台的 ViewModel 中的某个绑定的属性就会发生改变,这样我们获取用户输入时,就可以直接获取 ViewModel 里对应的属性值,而不用考虑页面中相应的用户输入控件;另一方面,当后台代码需要改变前台页面时,只需要改变 ViewModel 中的对应属性就可以了。这些属性不仅可以是某个控件的值,也可以是控件的外观属性,比如宽度、长度、颜色等等。最终的效果就是前台只需要关心用户界面逻辑,而后台只需要关心数据,与界面无关。

18.4　实验步骤和相关代码

1.创建项目

(1)进入 Visual Stuidio,创建 Blazor WebAssembly 项目,在模板中选择“Blazor Web-Assembly 应用”,如图 18-1 所示。

图 18-1　创建项目

（2）设置项目名称及程序目录，"其他信息"设置如图 18-2 所示。

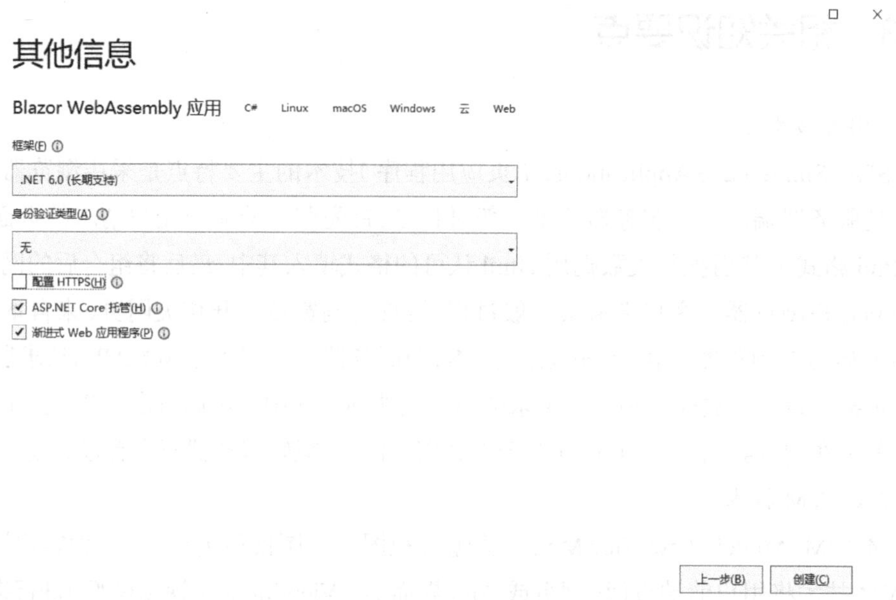

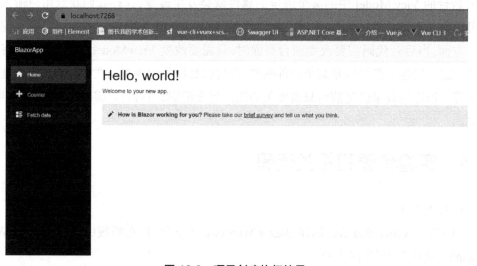

图 18-2　其他信息设置

（3）项目创建完成后，执行结果如图 18-3 所示。注: 端口号是随机的，每个项目不同。

图 18-3　项目创建执行结果

2. 引入相关组件

（1）在"PM>"提示符后，分别在"Shared"和"Server"项目中输入以下指令，导入数据库相关组件:

Install-Package Microsoft.EntityFrameworkCore.SqlServer

Install-Package Microsoft.EntityFrameworkCore.SqlServer.Design

Install-Package Microsoft.EntityFrameworkCore.Tools

注意，与 MVC 实验和 Web API 实验不同，这次解决方案中包含了三个项目，所以在导入项目时要注意项目的选择，如图 18-4 所示。

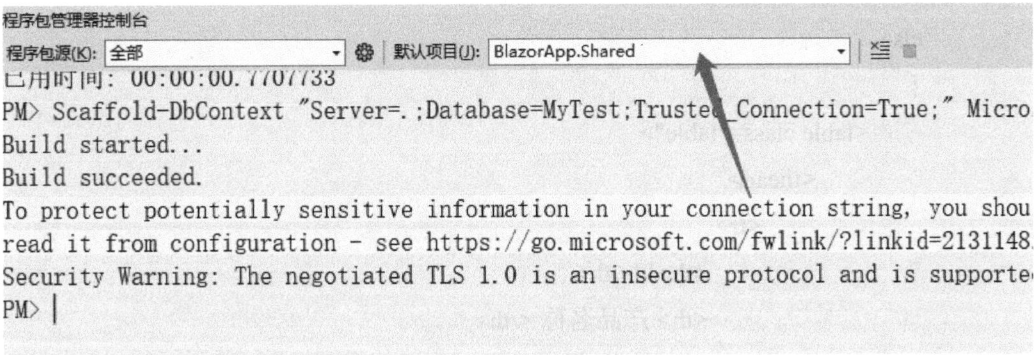

图 18-4　设置"默认项目"

（4）完成后就可以在 Server 和 Shared 项目中查到导入的三个依赖项了。

3. 引入数据库

组件安装完成后引入数据库。在程序包管理控制台里，选择"Shared"项目，输入以下指令：

Scaffold-DbContext　"Server=.;Database=MyTest;Trusted_Connection=True;"　Microsoft.EntityFrameworkCore.SqlServer -OutputDir Models/EF -Force

这些指令与其他实验完全相同，但要注意只在"Shared"项目里执行。由于"Shared"项目被共享给"Client"项目和"Server"项目，所以在另两项目中都可以使用。

4. 建立 Web API

参考第 17 章实验步骤 2、步骤 3，在"Server"项目中完成数据库连接。服务器端的任务主要是提供 Web API 服务，过程与独立的 Web API 一致，需要注意的是 EntityFramework 的模型在"Shared"项目中，但实际进行数据库访问都在"Server"项目中，所以 AppSettings.json、Programe.cs 的相应代码都要在"Server"项目中完成。

5. 创建 Razor 组件

在"Client"项目中的"Pages"目录下，创建 Razor 组件文件 Test.razor，代码如下：

@page "/List"

@using BlazorApp.Shared.Models.EF

@inject HttpClient Http

<PageTitle>Razor 数据库连接测试 </PageTitle>

```razor
@if (data == null)
{
    <p><em>Loading...</em></p>
}
else
{
    <table class="table">
        <thead>
            <tr>
                <th>Id</th>
                <th> 产品名称 </th>
                <th> 生产商 </th>
                <th> 价格 </th>
            </tr>
        </thead>
        <tbody>
            @foreach (var item in data)
            {
                <tr>
                    <td>@item.Id</td>
                    <td>@item.ProductName</td>
                    <td>@item.Producer</td>
                    <td>@item.Price</td>
                </tr>
            }
        </tbody>
    </table>
}

@code {
    private Product[]? data;

    protected override async Task OnInitializedAsync()
```

```
            {
                data = await Http.GetFromJsonAsync<Product[]>("api/Test");
            }
        }
```

6. 验证结果

按下 F5（Ctrl-F5）键运行项目，在页面地址栏中输入"https://localhost:7268/list"（注意端口值使用自己的端口），出现如图 18-5 所示页面，实验完成。

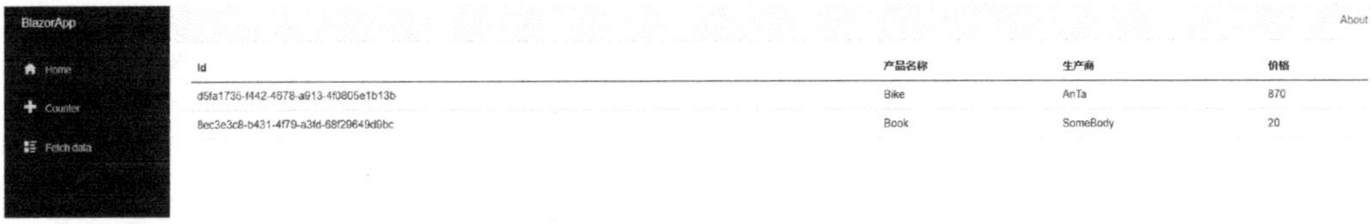

图 18-5　Blazor 架构 Web 实验程序执行结果

组稿编辑：刘博超

　　　　　王　律

责任编辑：刘博超

装帧设计：凡　一

ISBN 978-7-5618-7249-9

定价：39.00元

国家重大工程攻关专项、中华人民共和国工业和信息化部项目

国家973计划项目、国家科技重大专项成果

海洋资源开发系列丛书

大型海洋装备风险分析

李达　曾庆泽　贾鲁生　侯静　刘毅　余建星◎著

天津大学出版社

TIANJIN UNIVERSITY PRESS